粮农组织动物生产及卫生准则 18 号

动物疫病的经济学分析

联合国粮食及农业组织　编著

葛　林　孙　研　译

中国农业出版社

联合国粮食及农业组织

2018 · 北京

图书在版编目（CIP）数据

动物疫病的经济学分析 / 联合国粮食及农业组织编著；葛林，孙研译 .—北京：中国农业出版社，2018.6

ISBN 978-7-109-23792-6

Ⅰ.①动… Ⅱ.①联… ②葛… ③孙… Ⅲ.①兽疫-卫生经济学 Ⅳ.①S855-05

中国版本图书馆 CIP 数据核字（2017）第 323637 号

著作权合同登记号：图字 01-2018-0399 号

DONGWU YIBING DE JINGJIXUE FENXI

中国农业出版社出版

（北京市朝阳区麦子店街 18 号楼）

（邮政编码 100125）

责任编辑 郑 君

文字编辑 徐志平

中国农业出版社印刷厂印刷 新华书店北京发行所发行

2018 年 6 月第 1 版 2018 年 6 月北京第 1 次印刷

开本：700mm×1000mm 1/16 印张：6.25

字数：97 千字

定价：36.00 元

01－CPP16/17

本出版物原版为英文，即 *Economic analysis of animal diseases*（*FAO Animal Production and Health Guide Lines NO.* 18），由联合国粮食及农业组织（粮农组织）于 2016 年出版。此中文翻译由农业农村部兽医局安排并对翻译的准确性及质量负全部责任。如有出入，应以英文原版为准。

ISBN 978－92－5－109166－1（粮农组织）
ISBN 978－7－109－23792－6（中国农业出版社）

粮农组织信息产品可在其网站（www.fao.org/publications）获得并通过 publications－sales@fao.org 购买。

本书译审名单

翻　译　葛　林　孙　研

审　校　孙　研

前　言

促进健康、预防疫病是医学的一个宗旨。而谚语“预防胜于治疗”则精辟地阐释了要尽早处理问题，以避免在康复期和恢复生产阶段付出巨大代价的道理。但事实是，我们在预防上投入不足。“推销”预防理念很难，但它对跨境动物疫病控制来说是一个重要的信息，需要强大的经济学证据予以支持。

兽医学控制跨境动物疫病的方法主要是对影响动物或牲畜群体的疫病进行控制，却忽略了将牲畜所有者及社群视为一个受疫病影响的整体，在采取控制措施的时候也未将其考虑在内。经济分析是一门学科，可以帮助解决这个问题，可以帮助各利益方评估在跨境动物疫病（TADs）防控上的特定投资，是否能给社会带来整体效益，以及相关的可能投资等。

该准则为很多专业人员和技术人员所设计。这些人员认识到或者希望进一步了解在预防、控制和管理跨境动物疫病中，用经济学研究来评估使用公共资金或私人资金是否正当的重要性。这些疫病的影响十分广泛，包括畜牧业遭受的直接损失、国内贸易中断、出口停止，或者是公众健康受到威胁。该准则也有助于有关人员更好地解释已经做过的经济研究，更深入地理解经济分析中的内容、方式和原因。

由于我们面对各种各样的问题，并且分析这些问题的经济方法有限，可以说，尽管理想的办法是用标准方法进行分析，但是这并不现实。该准则并不是为了建议一个规定性的方法，而是为开展不同目的的经济分析提供了一个框架，并介绍动物卫生经济学的术语、技术、假设和方法。预计本准则将有助于讨论动物卫生话题时与经济学家进行富有成效的对话，同时将促进兽医、动物卫生专家、经济学家和社会学家之间进行富有成果的、消息互通的合作。

在保障动物生产效率、确保社会粮食安全和食品营养供应，以及实现减贫和市场稳定等方面，应十分关注跨境动物疫病在特定环境中或侵入无疫区所产生的影响。

动物卫生从业人员在准确沟通其在保护动物生产、食物链安全以及产业安全中所具有的经济价值方面通常存在困难。同时，他们在疫病管理、疫苗研发、诊断网络和生物学监测、发病机理研究、应急费用精确反应及边境保护等方面，动员必要的财力或人力资源开展的能力也有所欠缺。要成功实现资源调动，关键在于在这样的投资中注入实质性的经济学理论依据。政府或金融、规划领域的私人部门管理人员需要这些准则来更好地认识疫病带来的威胁，并且为进一步足额投资需要预防性和先发性工作的动物生产及卫生保护提供成本效益、成本效率及生命拯救的案例。经济分析是跨境动物疫病政策及管理策略的一个重要部分。

借助诊断实验室的检测、疫病风险模型或新的技术工具，结论的说服力以及它们的效用取决于是否了解投入的不足、做出的假设以及预测工具的价值与局限，以正确评估它们的使用情况。投资于预防领域、突发事件的及时响应与防范系统能够挽救生命、生活和金钱。

将动物卫生专业的学科与流行病学家和经济学家的学科相结合，对管理者是非常有价值的，有利于其识别疫病影响、可用选择，或者用客观的理由来做出决定。这些学科相结合是与管理者和大众沟通的有效方式，其价值是无法用金钱衡量的。

致　谢

《动物疫病的经济学分析》以联合国粮食及农业组织（FAO）的名义进行筹备，FAO 首席兽医官 Juan Lubroth 博士（罗马，动物生产及卫生司）全程指导负责。

《动物疫病的经济学分析》的主要作者是经济学家 Anni McLeod，同时，FAO 的 Julio Pinto、Juan Lubroth、Vincent Martin 以及皇家兽医学院的 Jonathan Rushton 共同协助完成。

该准则的准备和协调工作由 FAO 的 Julio Pinto 牵头负责。

缩　略　语

ASF	非洲猪瘟
CBPP	牛传染性胸膜肺炎
CCPP	山羊传染性胸膜肺炎
CSF	猪瘟
DALY	伤残调整生命年
DFID	英国国际开发署
FAO	联合国粮食及农业组织
FMD	口蹄疫
CGE	可计算的一般均衡
GDP	国内生产总值
GNI	国民总收入
GOK	肯尼亚政府
HS	出血性败血症
HPAI	高致病性禽流感
LSD	牛结节疹
ND	新城疫
ODI	海外发展研究所
OIE	世界动物卫生组织
PPR	小反刍兽疫
QALY	质量调整生命年
RVF	里夫特裂谷热
SPS	动植物卫生检疫
TAD	跨境动物疫病
USDA	美国农业部
WHO	世界卫生组织
WTO	世界贸易组织

术　语　表

成本收益分析　一种使用货币形式估算收益和成本，从而判断一项投资的经济可行性的方法。

成本-效益分析　当一项投资的成本使用货币形式进行估算，其收益被视作目标结果时，该方法用于判断该投资的经济可行性。该方法通常用于人类健康项目研究，收益指的是避免死亡、伤残调整生命年或质量调整生命年。

可计算的一般均衡模型　一个基于联立方程的经济模型，考量不同部门（行业）之间的资源流动。

经济（与金融相对）**分析**　分析经济（“影子”）价格。当市场价格不足以估算经济价值时，影子价格的价值可用于成本-收益和成本-效益评估。影子价格是一件商品或一项服务的“机会成本”，指的是未能发挥某种产品最高价值从而造成的损失。通过消除由固定价格、税收及补贴产生的扭曲来判定影子价格。外汇和劳动力的影子价格通常可以从金融或规划部门以及发展银行获得。

事前分析　针对拟议计划进行的分析（也称评估）。

事后分析　针对完成或部分完成的项目进行的分析（也称评价）。

外部性　商品和服务的生产或消费个体给他人产生了成本或收益，但没有反映在商品或服务的价格费用上，这就是外部性（经合组织统计术语）。一个关于负外部性的例子：一位农民不参加跨境动物疫病根除计划，却选择制造感染来源，从而提高了参加该计划农民的风险。

金融分析　利用市场价格分析。

金融资本　在可持续生计框架下，金融资本指的是人们用来实现生计目标的金融资源（英国国际开发署，1999）。

粮食安全框架 为协助粮食安全（或不安全）状况评估、改善粮食安全政策、策略制定所设计的概念性框架。FAO 2006 年发布的定义包括四个“支柱”（可供量、获取、稳定性和利用）和两个时间维度（长期和短期）。

国内生产总值（GDP） 经济中所有居民生产者的生产总值之和加上所有产品的税收，再减去不包括在产品价值内的各种补贴（世界银行，2014）。

国民总收入（GNI） 所有居民生产者产生的价值总和加上所有产品税收，减去不包括在产品价值内的各种补贴，再加上从境外进入的主要收入（员工报酬和财产性收入）净额（世界银行，2014）。

总产值 衡量一个产业或行业的总市场价值，用于核算国民经济。

人力资本 在可持续生计框架下，人力资本指的是技能、知识、工作能力以及身体健康等能够让人们追求不同的生计策略，从而实现生计目标的要素总称（英国国际开发署，1999）。

内部收益率（IRR） 衡量投资回报率，用于成本-收益分析。如果一个项目的内部收益率大于或等于资本成本，那么从经济角度来看，该项目是可行的。

自然资本 在可持续生计框架下，自然资本指的是自然资源存量，资源流产生于其中，各种服务（如养分循环、侵蚀防护等）也衍生于此（英国国际开发署，1999）。

净现值（NPV） 衡量一项投资的经济可行性，用于成本-收益分析。是所有项目年度收益-成本的贴现价值之和。如果 NPV 大于等于零，那么在现有折现率下该投资在经济上是可行的。

法定传染病 法律规定必须向国家主管部门报告的疫病。一旦出现世界动物卫生组织罗列的疫病，国家主管部门必须报告。

机会成本 为达到某个目的使用了一种稀缺资源，未能发挥其最大价值所造成的损失。

部分预算 用来估算短时间内做出微小变动的经济可行性的方法。通常用于农场层面的分析。

社会核算矩阵（SAM） SAM 指的是经济中资源与资源流动的矩阵，用于预测变化发生时产生的影响。

SPS 协议 该协议针对卫生与植物卫生措施应用，于 1995 年 1 月 1 日世界贸易组织成立之际生效。与粮食安全与动植物卫生法规的实施有关（WTO，1998）。为了建立国际动物卫生标准，世界贸易组织在 SPS 协议下认可了世界动物卫生组织。

可持续生计框架理论 一个系统性分析生计的方法，主要由英国国际开发署（DFID）开发。它对三种状况（收入增加、脆弱性降低及自然资源基础增强）和四种生计资产或资本（金融、物质、自然和人类）进行了定义。它涵盖了家庭和社区的“脆弱性环境”。

价值链法 分析商业策略的一系列方法。价值链法是对生产一种特定产品的资源、材料和信息流动进行分析，从生产加工开始到出售给最终客户。它包括：价值链映射、每一步的增值分析以及监管分析（控制影响及机制）。

价值链 整个过程包括：“从概念上引进产品，经过不同生产阶段（涉及物理转化与各种生产者服务的投入相结合），最终交付给消费者，以及使用后的最终处置”（Kaplinsky，2003）。例如，乳制品的价值链可能包括牛奶生产、运送至加工厂、牛奶加工、运送至批发商和零售商以及出售给消费者等环节。配套服务可能包括饲料供应、动物卫生服务、药物供应、信贷及信息提供。

目　　录

1. 背景

本准则可供在国际、区域和国家级公共机构工作的动物卫生从业者使用。他们希望委托经济学家进行经济研究，然后利用研究结果对跨境动物疫病进行工作指导。动物卫生从业者也愿意与熟悉经济技术但不熟悉动物卫生问题，并且希望做进一步了解的经济学家和其他专业人员合作。

经济分析是跨境动物疫病政策与战略中的重要组成部分，在许多国家和地区的立法进程中也越来越重要。然而，并非所有公共动物卫生项目都将经济学家考虑在内。公共项目的动物卫生从业人员在与经济学家和其他社会科学家接触时，有时感到信心不足。但他们必须通过工作委托、监督以及结果解释，确保跨境动物疫病项目包含足够的经济内容。为了做好这一点，他们不需要成为畜牧业经济学家，但必须要对应用于跨境动物疫病的经济分析范围有全面的了解。他们必须要善于向经济学家提出清晰、合理的问题，让经济学家回答并解释经济报告中的信息。该准则的目标之一是鼓励兽医、动物卫生专家及社会科学家之间达成富有成效的合作，以便互通信息。

本准则旨在用结构化的方法看待跨境动物疫病经济分析，这有助于突出一些比较重要的问题。已经有很多出版物解释如何使用经济方法，所以这不是一本解释如何进行分析的手册，而是为了探寻借助经济分析能够解答关于跨境动物疫病的问题，同时对各种分析进行举例说明。

本准则的结构如下：

（1）介绍性材料。本章介绍背景。论述通过“跨境动物疫病”这个术语能了解到的信息，解释经济分析运用于跨境动物疫病的原因，并讨论它将回答的问题类型（第 2 章）。

（2）关于跨境动物疫病常见问题的经济方法框架（第 3 章）。

（3）第 4、5、6 章扩展了框架中的议题，提供了更多的细节描述，并从已发表的报告中选取了更多例子。

（4）第 7 章对跨境动物疫病经济学的研究设计提出实用性建议，并指出数据存在的差距与不足。

2. 介绍性材料

2.1 什么是跨境动物疫病

跨境动物疫病指的是“对国家的经济、贸易和粮食安全非常重要，并且易传播至其他国家，造成感染，其管控和排除需要数国合作”的动物疫病（FAO，1997）。跨境动物疫病防治将对粮食安全产生积极影响，从而促进联合国千年发展目标的实现。

针对跨境动物疫病还没有一份固定的列表。撰写此书时，FAO 动物卫生专家提供了他们认为比较重要的跨境动物疫病列表，世界动物卫生组织（OIE）《陆生动物卫生法典》第 2 章还提供了一个更长的列表。

跨境动物疫病列表不固定的原因是，一方面以前未知或认为不重要的疫病，一旦进入牲畜群，可进行传播并造成损害。这些疫病被称为“新发”传染病。另一方面，跨境动物疫病的描述也有一定的模糊和误解。包含三个要素：①对许多国家有重大影响；②传播迅速，可跨境传播；③需要区域或国际合作。有些疫病，尽管重大，但显然不是跨境动物疫病，例如炭疽。跨境动物疫病非常显著的特征是以上的②点，具有跨境迅速传播的能力。这种迅速传播的潜力造成紧迫感，人们可依此凭直觉辨识跨境动物疫病。这也是区域和国际行动对跨境动物疫病防控非常必要的原因。

不过，跨境动物疫病的传播受人为因素影响，随当地情况有所不同，所以针对它的描述，有一定程度的模糊是允许的。比如，羊布鲁氏菌有时会被认定为跨境动物疫病，通常情况下并不这样认定。它主要是母畜流产时，动物摄入被污染的物质进行传播，也可通过受污染的牛奶传播给人类（Blood 和 Radostits，1960）。因为通常情况下羊布鲁氏菌传播并不迅速，很多地方不把它认定为跨境动物疫病。然而，在中东和中亚，因为季节性迁移放牧以及无记录跨境运输，羊布鲁氏菌可以非常迅速地远距离传播，为了实现控制，区域协作就非常有必要（FAO，2010）。因此，出于实用目的，在该地区羊布鲁氏菌被视为跨境动物疫病。

本准则重点是跨境动物疫病的核心特征，而不是固定疫病列表的定义或组成。后面的章节会针对产量损失、跨境迅速传播以及迫切感等几个因素一同引发的经济影响展开讨论。

2.2 为何经济分析会应用到跨境动物疫病

跨境动物疫病会导致几种经济影响。可引起牲畜减产，如果存疑疫病传播非常迅速，减产率会比较高，尤其是出现高水平死亡率的时候。跨境动物疫病也可导致大规模贸易中断，畜牧业收入来源主要依靠出口的国家，会尤为担忧。跨境动物疫病防治增加畜牧业生产成本和国家兽医预算。人畜共患跨境动物疫病会引发人类疫病，增加公共卫生系统成本，造成经济影响。政府将稀缺资源用于疫情控制和预防，农民需要处理畜牧业生产体系受到的影响，消费者也要承受局部或广泛的市场混乱影响。规划者和决策者需要经济分析，帮助他们决策如何进行有限资源的配置，用于动物卫生。

规划者和决策者使用经济分析：

（1）确定哪种跨境动物疫病产生的经济影响最大。这样一来，针对某项疫病出台政策，动用大笔公共预算或者进行私人投资应对疫病，也就有正当的理由。

（2）评估控制跨境动物疫病或消除其影响的政策或方案，是否能为公共支出带来积极回报，也可用为备选方案比对。

（3）确定某项跨境动物疫病政策或者疫病控治方案是否为良好的公共投资。

研发经理以及研究项目出资人士采用经济分析：

（1）优先进行动物卫生研究项下活动。

（2）评估可能（或已经）采取的控制跨境动物疫病的技术和方法，以及所能带来的经济或财务影响。

（3）指导研究设计。

推广方案设计人员或推广人员采用经济分析：

（1）帮助确定哪些跨境动物疫病管理实践和技术，对某特定地理位置或者食物体系的畜牧场主最为合适。

（2）作为推广意见和培训的一部分，可帮助农场主评估、了解应对跨境动物疫病的某项新技术和方法。

动物卫生经济学家提出的问题分为三大类：

（1）“什么是经济（或社会经济）影响?”动物卫生经济学家经常提出这样的问题，以帮助规划和优先安排跨境动物疫病防控开支，或者证明支出的合理性。

（2）“该跨境动物疫病政策或项目会是经济上可行的吗（或者此前的方案

是经济可行的吗)?”发展基金机构和政府在设计动物卫生政策和项目时，这个问题是很重要的，甚至可能是研究项目的优先部分。它也有助于牲畜贸易风险分析。

(3)“为什么农场主、贸易商以及其他人不听取我们的意见?”或“……不听从我们的指示?”跨境动物疫病防控措施未按计划实行时，国家兽医服务处兽医人员会有这样的疑问。

以上问题在接下来的章节中会有说明。

有时经济分析好像是对已制定政策或者计划决定的例行公事，或者为了证明研究所获资金有所值。有时也有可能是经济学需要在以上领域有所建树，然而在有限的时间和预算内，无法收集所需数据而不能实现的情况。如果经济分析在计划伊始就有，这些情况就不太可能发生。

3. 分析框架

3.1 总体框架

理想情况下，跨境动物疫病带来的经济影响可通过专门设计的调查来测量。现实中通常很难做到，而且花费很多。相反，人们往往根据已发布报告中提取的信息、公开数据库的二手数据以及调查来的原始数据，采用算术计算、统计和数学模型进行评估。一系列的框架、工具、技术和方法已被应用于跨境动物疫病的经济分析。

第 2 节中提出的三大类问题可以在不同的层次上得到解决，如表 1 的总体框架所示。三个评定区内的分析框架在 3.2 节至 3.4 节有描述。

表 1　总体框架

可能的分析层面	评定区：跨境动物疫病的经济影响	评定区：防控跨境动物疫病干预措施的经济可行性	评定区：利益相关方遵守跨境动物疫病防控条例的动机
全球、区域	●	●	
国家	●	●	
畜牧业	●	●	
利益相关方	●	●	●

3.2 跨境动物疫病的经济影响

跨境动物疫病的经济影响可以通过不同层面、从不同利益相关者的视角进行评估。例如：对于传统政府或区域联盟来说，跨境动物疫病对国民收入可能是一种威胁，可能是潜在的预算消耗，也可能成为国际贸易障碍。

（1）对畜牧生产者、贸易商以及畜牧产品加工商和零售商来说，跨境动物疫病可能威胁到生计，可能意味着防控措施投资需要，也可能成为与国家兽医机构的冲突根源。

（2）动物卫生疫苗和药物供应商可能把跨境动物疫病视作药物和疫苗的销售收入来源。

（3）消费者可能认为跨境动物疫病是对健康的威胁（如果该病是人畜共患病），疫病暴发影响食品价格，扰乱了食品供应，会非常不利。

（4）发生跨境动物疫病时，如果限制农村地区访问量，或阻止人们进入疫区，会降低旅游收入。

表 2 将评估跨境动物疫病影响的不同层面和可应用的经济方法结合起来。本准则不尝试提供类似 Rushton（2009）的全面方法论回顾，只是举例说明常用方法。待解决问题、数据的有效性、分析时长以及经济学家的偏好，共同决定了一项分析所应选择的方法。方法使用示例见第 4 章。

分析跨境动物疫病影响，可帮助将影响细分。一些分析人员区分“直接”和“间接”影响（Rushton 和 Knight - Jones，2012；Rushton，2013）。另外一些人会确认影响的不同来源，比如产量损失和成本控制（Tambi 等，2006）。本准则根据影响的来源对其进行确认。作者发现这是与动物卫生规划者讨论跨境动物疫病最简单、最直观的方法。

表 2　评估跨境动物疫病经济影响的方法

层面	原　因	可能的方法
全球、区域	● 解释或证明国际社会对某特定疫病的关注 ● 确定政府和政府间组织关于“新发”跨境动物疫病、正传播疫病或改变传播区域疫病的未来政策方向	电子表格建模 宏观经济模型 可能获得流行病学研究及建模支持
国家、行业、利益相关者*	● 解释或证明政府对某特定疫病的关注 ● 向政府证明为采取跨境动物疫病防范措施提供经费支持可能减少的损失 ● 作为一项公共责任，估算疫病暴发的控制成本 ● 评估对粮食供应或消费的影响	疫病暴发前后国家统计数据比较 宏观经济模型 模拟模型 选择模型和相关方法 可能获得流行病学研究及建模支持
利益相关者	● 评估疫病控制工作方向，可能提供资金支持的有哪些人	选择模型和相关方法 模拟模型 可持续生计分析 价值链分析 可能获得流行病学研究及建模支持

* 在国家层面上的分析通常会包括对特定的利益相关群体的影响以及对国家的影响。

影响来源有四个方面（图 1）。前三方面出现在畜牧业，即：

（1）疫病影响：临床或亚临床疫病造成的死亡和生产损失。

（2）市场干扰：消费者恐慌，供应短缺导致的市场冲击，跨境动物疫病暴发而实行的畜牧和畜产品贸易限制等所造成的影响。

（3）防控措施：农场主、政府和行业防控疫病暴发，所采取措施的成本和效益。

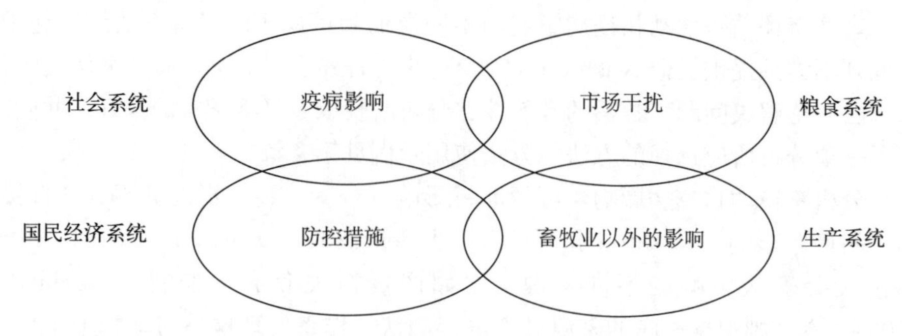

图1　跨境动物疫病的发生环境和影响

除了对畜牧业的影响，还有第四方面的影响来源：

（4）畜牧业以外的影响：这些可能包括对人类健康、公共卫生系统、旅游业和野生动物的影响。

发达国家发生跨界动物疫情时，几乎都会采取控制措施，市场也往往受到影响。而这些国家受到的主要经济影响，通常不是疫病本身，而是由市场干扰和疫病控制成本导致的。在发展中国家，疫病感染的损失或农场主的疫病控制成本可能显得更重要。例如，低发病率的小型反刍动物或家禽疫病可在畜群内传播几周的时间，但农场主采取的防控措施少之又少，若干散发的畜禽死亡造成了主要的经济影响。在非洲的某些地区，政府长时间对牛传染性胸膜肺炎（CBPP）几乎未采取预防措施，农民只好使用抗生素来消除疫病的影响。

跨境动物疫病的影响也受疫病发生环境的影响。在设计跨境动物疫病影响消除方案时，环境对最终方案的最后成功有很大的影响。环境包括：

（1）生产系统。生产规模和劳动强度影响畜牧场主应对跨境动物疫病的方式。相对于生产周期和耕作季节，疫病暴发的时间也很重要。每一类型的生产商对其经历过的跨境动物疫病都有一定的认知，这影响了他们应对和处理跨境动物疫病的方式。

（2）粮食系统。疫病传播、防控措施的效果受食物生产、营销组织和监管方式的影响。

（3）国民经济系统。重视出口贸易的发达国家和贫穷的、主要关心食品可用性的国家有不同的关注点。

（4）社会系统。社会传统会限制某些群体对牲畜的所有权，限制人民选择多样化跨境动物疫病防范措施。

3.3 跨境动物疫病防范措施的经济可行性

跨境动物疫病防控措施可以大到政府的计划，小到个体农场主采取的措施。尽管政治、伦理、人道主义或社会因素也会影响决定，一项干预措施如果经济可行的话，就容易被实行。

正如前面提到的，可在全球、国家或者次国家层面分析干预措施。“经济上可行吗?”其实就是说“从经济方面来看，产出能否证明投入是值得的?”这个问题可能被下列机构、人员问及：

(1) 制定疫病预防政策，或分析现有或先前控制策略的影响，或是决定疫病控制开支额度的政府部门。

(2) 已经或正在考虑支持某疫病控制项目的融资机构。

(3) 为疫情控制编制应急方案的政府（虽然实际情况下很多应急方案不设预算，或因为融资时间太长而未能实施）。

(4) 发展或推广服务机构，将技术或管理实践作为建议提供给农场主。

(5) 考虑颁布新的跨境动物疫病控制政策或者改革现有方法的私营畜牧或食品公司，或行业协会。

人们除了会问“这是经济可行的吗?”，还会问一些次要问题，例如：

(1) 合理条件无法实现，福利推迟的可能性有多大？控制方案彻底失败的可能性有多大？需要做什么防止此类事情发生?

(2) 每个人都将受益或者至少处境不会更糟吗？某些群体处境会更糟吗?如果这样，他们需要得到补偿吗?

(3) 搞错后会有什么经济和社会影响?

(4) 如果需要投资使防控方案奏效，多久可以将欠款还清？这对私营部门利益相关者来说特别重要。

(5) 公共和私营部门之间如何共担成本?

传统的经济分析也可能遇到一些更具有挑战性的问题，例如：

(1) 该干预措施是否会减少或增加人们用于畜牧生产的自然资源，或者改变他们的社会地位?

(2) 该干预措施会导致弱势群体更易遭受冲击和压力吗？表 3 将分析层面和可能应用的经济方法结合起来。

当可能带来的利益至少与成本持平，或者理想的是高于成本时，采取一项干预措施在经济上是可行的。

表 4 展示了成本分类。跨境动物疫病防控成本大多发生在畜牧业，但也可

表 3　评估干预措施经济可行性的方法

层面	原　因	可能的方法
全球、区域、国家	1. 确定是否实行国家资助的疾控政策和方案 2. 分析现有或此前疾控策略的影响 3. 评估疫情控制应急方案的融资需求 4. 评估某些群体是否需要赔偿 5. 识别潜在的不良影响。例如，贫困群体的脆弱性增加或自然资源枯竭 6. 确定公共和私营部门之间如何共担成本 7. 作为活畜或畜产品相关风险评估的一部分	经济成本收益分析 经济成本效能分析 成本对比 可能获得流行病学和建模支持
利益相关者	1. 为农场主开发推广建议 2. 评估一项跨境动物疫病控制策略是否为农场主、私营生产公司或行业协会，提供了良好的投资收益 3. 评估跨境动物疫病投资的现金流特点	财务成本效益分析和成本效率分析 部分预算分析 优化模型 决策模型和相关方法 价值链分析 决策树分析 资金流分析 可能获得流行病学和建模支持

注：“经济”和“财务”指评估中用到的价格。可参见第 5 章。

能超出此领域，例如公众卫生。实施干预措施时也可能产生新的成本以及机会成本，机会成本是指实施干预措施时损失的产值。成本可进一步细分为投资(基础设施、人力资源开发、车辆和大型设备)，它通常被赠款或贷款，资金回流（与维持投资和实施项目相关的固定成本和可变成本）所覆盖掉。畜牧业成本在 5.3 节中详细描述。

表 4　跨境动物疫病防控措施的成本分类

畜牧业领域内			畜牧业领域外		
预防和准备成本	暴发控制成本	管理或者生产体系成本变动	公共卫生投资	对消费者而言更高的食品价格	野生动物成本
（新的成本）	（机会成本）		（新的成本）		（机会成本）

表 5 展示了畜牧行业内外的潜在收益分类。收益分为两种：额外产出和成本降低。预防和疫情控制既是收益也是成本。这说明我们可能需要早期投资和更严格的疫情控制措施，以减少发病率，节省支出。畜牧业和公共卫生领域的收益在 5.1 节和 5.2 节有更为详细的描述。其他领域收益超越了本准则的范围。

表 5　跨境动物疫病防控措施的收益分类

畜牧业领域内			畜牧业领域外		
资产和产出价值增加	防治成本减少	疫情控制成本下降	挽救生命或增加有质量的生活年限	减少的公共卫生治理成本	游客方面控制疫情节省的成本
（新产出）		（降低成本）	（新产出）		（降低成本）

3.4　利益相关者遵守跨境动物疫病防控条例的动机

农场主或牲畜贸易商未能上报疑似病例，或者因为售卖感染动物、未能遵守生物安全基本措施而拖延疫情时，兽医服务人员有时会看起来很吃惊。疫情调查发现了有风险操作行为，例如，奶车或饲料卡车司机不清洗车辆，动物卫生从业者在农场间行动未清洗鞋具，或使用相同的针给多个动物接种疫苗。家畜市场调查也发现了导致动物与动物之间病毒传播的行为。消费者厨房卫生较差，或者从跨境动物疫病很普遍的区域进口未加工肉类。

尽管政府出台政策会降低跨境动物疫病的传播，但这些行为经常被忽视或者实施不当。这是对政府不满情绪的源头，降低了防控方案的有效性和经济可行性。经济可行性分析要以事情可能发生方式假设为基础。要想分析有用，假设必须可信。

跨境动物疫病控制措施失败的经济和社会原因有以下三点：

（1）私人利益相关者和政府对跨境动物疫病可能造成的风险以及防控措施的重要性的认识可能不同。人们根据自己对风险的认知调整其行为（调整后的行为可能与原本的行为相同或不同），这反过来又影响着实际的风险和成本。如果他们洞察到因为未能遵守而导致对自己的动物或生计产生直接的风险，他们会更加愿意改变自己的行为。

（2）实施政策要求的改变对农民和其他人或许不便，比如每日常规的改变，管理牲畜和牲畜交易的方法等。甚至貌似很简单的事，比如限制车辆进入农场，进入动物圈养地前换鞋等都要花大力气。一些政策要求农场、市场和屠宰场的基本做法有较大变化。

（3）遵守政府政策或许会造成收入损失，要花钱培训、配置设备或基础设施。如果政府政策限制动物活动或作为预防措施要求将动物屠杀，没有感染跨境动物疫病的动物倘若没有被屠杀，饲养他们的农民甚至也会遭受经济惩罚。

表6列举了问题、遵守政策（或者不遵守政策的）原因以及用于回答这些问题的经济学方法。第6章提供了进一步的细节。

3.5 利益相关者的确定

如果要求利益相关者层面的分析，那么第一步就是要识别核心利益相关者。

有许多方法来辨别利益相关者，他们都呈现出“系统思维”的形式。他们的共同点是试图识别特定问题中的关键利益相关者；每个利益相关者怎样受到所讨论问题的影响以及利益相关者之间的关系，但是每种方法都有独特的方法得出结论。

表6 分析遵守跨境动物疫病防控条例动机的方法

问题	原因	可能的方法
跨境动物疫病控制对个体利益相关者到底有多重要?	●明白每个利益相关者对跨境动物疫病或跨境动物疫病控制的重视程度 ●明白每个利益相关者如何理解跨境动物疫病的风险	可持续性生计分析 风险感知的定性分析
利益相关者遵守预防或控制政策的成本有多高及不便利?	●理解采取或不采取控制措施的经济动机 ●识别遵守政策的非经济障碍	成本-利益分析 决策树分析 利用经济学理论，如委托-代理模型

利益相关者分析在项目计划阶段通过咨询该项目的专家组得以实施。他们要罗列出潜在的利益相关者，或根据他们对潜在影响的主观评价（那些最可能受到跨境动物疫病影响的将会重点分析），或根据他们的脆弱性（那些最不能应对跨境动物疫病的优先分析）或运用其他的利益标准将这些利益相关者分类。

这也有助于描绘跨境动物疫病出现的食物体系。这可以按地理位置进行（表明饲料生产、畜牧业生产、市场、加工设备及运输路线等的物理位置），或者按图解方式进行（表明相关的主体或功能以及他们之间的相似方式）。然后做出决定，集中于为城市供给“粮仓”一端的利益相关者，或集中于那些有功能性联系的利益相关者。

价值链方法是用于经济学及商业管理的一种系统思维。他们越来越普遍地出现在动物健康经济学出版物的标题中，因此也会在此详细分析。这种方法的使用反映了人们的一种共识——动物的健康并不仅仅局限于农场，而且也有助于确保消费者食物安全，保护牲畜交易者、加工者以及其他牲畜部门的工作者及服务者的生计。然而，“价值链方法”及“价值链”往往被对不熟悉这些术语的人广泛使用，导致方法论草率、分析结果糟糕，这是很危险的。插文1简要说明了跨境动物疫病经济学背景下的价值链方法。

发展中国家非正式食物体系中生产的牲畜产品不会通过可识别的价值链。然而，改变插文1中概述的价值链方法仍是可能的，以此来帮助理解食物体系、评估跨境动物疫病经济学影响的领域或者跨境动物疫病预防及控制项目出现的领域。很少发现一种完全与跨境动物疫病相关的经济学研究的价值链分析，但是一些作者已经将价值链方法中的因素用于分析影响的某个方面。Rich等（2013）描述了肯尼亚裂谷热及尼日利亚高致病性禽流感的价值链分析（McLeod等，2009；Ayele和Rich，2010；Mensah-Bonsu和Rich，2010；Cocks等，2010；FAO，2011a）。

插文1　价值链法快速指南

术语“价值链法”“价值链分析”和“价值链”近年来越来越广泛地用于动物健康经济学中——有时人们并未理解他们的真正意思。

在某种程度上，这种混乱源于价值链方法是供应链分析和“filière”分析的方法群中的一部分。此外，价值链法最初从20世纪80年代被广泛用于商业管理文献起就历经了一些变化。文中的描述遵从了英国发展研究所提供的价值链法的描述。价值链法对生产加工到最后出售给客户的一系列活动中资源、材料和信息的流动进行分析。它特别关注不同代理商之间的联系、他们活动间的协调一致及最终用户的需求。这种分析旨在发现价值链发挥作用的规律及如何使之更有效。它寻找进入的障碍（阻止一些人进入价值链的因素）、管理（谁影响价值链发挥作用以及如何影响）和价值链上收入和利润的分配。

第一步总是去发现价值链其中一个连接的“切入点”——这是由分析所要回答的问题决定的。例如，如果要改进跨境动物疫病的监视，切入点可以是农畜生产者；如果要改进食物安全，切入点可以是非正式交易商或大的零售商。

下一步就是描绘价值链，描绘此切入点的前前后后。牲畜部分的图将展示价值链的主要联系（比如生产者、交易者、市场操作员、加工者、零售商、消费者）、联系的优点（比如正式合约是否到位）、产品从一个链点到下一个链点的产量和价值以及每一个链点的核心（比如许多生产商、少量的大零售商等）。

来源：Kaplinsky和Morris（2004）；Humphrey和Napier（2005）。

描绘之后的分析方向取决于分析刚开始时要回答的问题。一些与跨境动物疫病相关的经济学影响可能是：

（1）如果疫病暴发而未检测到，对价值链上不同链点的利润有什么影响？

（2）价值链上疫病控制成本哪里最高？

（3）在价值链的哪些链点人和动物接触最多？一种病原在价值链上能传播多久而未被兽医站发现？这可能会如何产生影响？

（4）如果国内市场或出口市场关闭，谁的生计会受到影响？

（5）施压改变疫病控制的做法在价值链中哪里最节约成本？

（6）如果价值链结构发生变化，谁受益？谁受损？

4. 跨境动物疫病的经济影响

本章更详细地讨论了第 3 章第 2 节所识别的经济影响的来源，并提供了全球影响、区域影响、国家影响的分析案例及对特定利益相关者群体影响的分析案例。

基于分析背景，评估可能针对一种跨境动物疫病或者一组动物跨境疫病，从小规模的地区影响到全球影响。它可以局限于牲畜部门，也可以扩大到包括人类健康及其他部门的撞击效应。

当评估跨境动物疫病的经济影响时，意识到“归因”是很重要的。“归因”换句话说就是确保被评估的经济影响是导致正在被分析的跨境动物疫病的唯一影响。如果同时存在能够产生相似影响的因素，则要研究这些因素并消除他们的影响。例如，在某一年既暴发跨境动物疫病，又闹旱灾，牲畜死亡率会很高，但是其原因一部分是干旱，一部分是跨境动物疫病的暴发。

4.1 影响的来源

4.1.1 疫病影响

如果牲畜受到跨境动物疫病的影响，临床疫病或亚临床疫病可能会导致作为生产资产的动物遭受损失，或者降低他们的生产率。

如果疫病杀死生产寿命长的动物，比如那些产仔或用来交易的动物、获取皮毛的动物等，这就表明生产资产遭受了巨大损失。大多数跨境动物疫病在幼年牛群和羊群中的致命率极高，有时是发生在任何年龄段的动物，有时仅发生在感染羊瘟或口蹄疫的幼年牛群和羊群中。有时动物并未死去而是染病太严重，农民只好卖掉或宰杀。

除了这种资产减值损失之外，后续补充也会耽搁。如果农民依靠在家饲养，染病的动物育种周期很长，那么这种做法在农民中就很普遍。如果死亡率非常高，牛羊可能会减少到无法自我繁殖。即使农民定期购买替代动物，大范围的跨境动物疫病暴发可能会使供购买的替代动物短缺。

死于疫病的动物在短期或长期内生产率会下降。影响如下：流产、产奶量或产蛋量下降、增长减缓、役畜劳作时间减少和农作物产量下降。

插文 2 描述了不同类型的生产系统中农畜主人因为各种动物疫病所遭受的损失。

如果动物死亡率或宰杀率导致牛群大规模减少，疫病的影响就超出了农场家庭，波及影响到农场非正式劳力的雇佣率及畜牧业市场链上其他劳力的雇佣率。

插文 2　牲畜主人因疫病遭受损失举例

新城疫

新城疫在易感家禽中的致命率极高。最大的经济影响就是生产资产的损失。这种影响在以下情况下非常严重：

（1）没有其他牲畜资产的孩子或贫困的妇女。

（2）如果村里大多数种禽都被杀死，对农民来说替代种禽就很难。

（3）把资产基础大部分投入家禽以及赊购饲料进行小规模经济的农民。

（4）如果一日龄雏鸡供应商损失了下蛋的鸡群，这会干扰他们的供给对象——农民的生意。

（5）如果高价值祖父母辈或父母辈的育种家禽死亡。这不仅使有价值的育种家禽遭受损失，而且其作用会波及下蛋鸡的孵卵。

羊瘟

羊瘟在未保护的山羊群及绵羊群中的致命率极高，导致生产资本损失、山羊群及绵羊群生长率下降。

（1）在孟加拉国，山羊死于羊瘟一年造成的损失为 3 408 万美元（Honhold 和 Sil，2001）。

（2）在北卡罗来纳州，Awa、Njoya 和 Ngo Tama（2000）估计在 5 200只山羊和绵羊混养的村里，5 年时间里羊瘟使羊群生长及出售所造成的损失高达 53 902 美元。

（3）肯尼亚的一个家庭研究（FAO，数据未更新）表明，暴发一次羊瘟造成的牲畜资产损失为 65%～100%，牲畜收入损失为 21%～100%。在某些情况下，羊群不具有可持续性，也就是说不再自己繁殖。

口蹄疫

口蹄疫在反刍动物和猪中传播，引起嘴、奶头及脚上起泡、糜烂，引起食欲缺乏、阻止哺乳和挤奶，使动物跛足。有时会引发流产及幼崽死亡。口蹄疫影响最多的农民包括：

（1）高产奶牛的农民，即赚取每升和每头奶牛经济利润吃紧的农民。产奶量暂时减少对现金流动有严重影响。如果动物感染慢性疫病或者流产后不能哺乳，它们会被宰杀（Rushton 等，2012）。

（2）如果产奶量减少 30%就没有收入的小规模商业奶农。流产可能导致用于育种或生产牛肉的小牛遭受损失。

(3) 拥有或使用役畜的混合农民。如果牲畜在犁地时感染疫病，会推迟庄稼的种植，农民也不能出租牲畜（James 和 Ellis，1976；Perry 等，1999）。替代动物也会供不应求。全球耕畜使用在减少，然而在西非、南非及许多偏远地区耕畜仍发挥着重要作用（Starkey，2010）。

(4) 在东南亚和中国，猪肉在日常饮食中占主要地位，猪肉需求在增长，口蹄疫主要发生在小猪身上，病死率为 15%～35%，每头猪体重下降达 5 千克（Randolph 等，2002）。

(5) 在旱季动物急缺食物及水的时候，口蹄疫会使游牧羊群中每只羊的体重下降 5 千克。有时牲畜会得到治疗来缓解症状，大多数会痊愈。

4.1.2 市场干扰

市场干扰是跨境动物疫病经济影响的一部分。它呈现两种形式——市场冲击及出口市场限制，每种形式都带有其经济后果。

4.1.2.1 市场冲击

当宣布跨境动物疫情暴发，如果消费者担心市场上的农畜产品或接触农畜产品市场会使他们患病，这可能导致某些牲畜产品消费大幅下滑。需求下降导致价格下降及生产者收益受损，直至消费者恢复信心。

人畜共患病，无论是否跨境，往往会产生这种冲击。糟糕的风险交流可能会加剧由人畜共患疫病造成的需求冲击，加之媒体夸大强调消费者反映。H5N1 型高致病性禽流感（HPAI）导致许多国家消费者因为担心感染禽肉疫病而造成了市场冲击（插文 3）。

对粮食安全的担忧，包括人畜共患病的担忧，富裕消费者的反应大于贫困消费者，他们拒绝购买他们认为有风险的食品。最贫困的消费者往往更加考虑价格，较少规避风险，所以在需求冲击期会优先考虑较低的价格。

第二种冲击发生在牲畜总量因为疫病或宰杀而严重减少时。牲畜产品的供给短缺，价格持续上涨直到牲畜生产恢复到正常水平或者进口产品填补了供给的短缺。

当需求冲击只影响了某一种家畜食品，消费者也许能通过暂时转变到消费替代性食物而适应较高的价格。然而，如果价格冲击影响到了往常价格便宜、贫困人们广泛消费的产品，他们将无法承担得起某种替代性食物。在所有家畜产品中，牛奶、鸡蛋、家禽肉往往是最便宜的。如果这些产品的价格因为供给冲击而上涨，贫困的人们会用植物蛋白来替代，或者他们会吃淀粉含量较高的产品，从而导致饮食不够均衡。

插文 3　H5N1 型高致病性禽流感引起的市场冲击

H5N1 型高致病性禽流感会在大多数家禽中引发高死亡率。H5N1 型高致病性禽流感会从家禽传播到人。尽管人的感染率非常低，但是病死率却很高。2004—2007 年禽流感的暴发在一些亚洲、欧洲国家和埃及引发了消费者的恐慌（McLeod，2009）。不同程度的需求突然减少，导致短期价格下滑。需求和价格在几周内会恢复。一些情况下，最初的需求冲击会伴随有短期的供给不足及价格异常上涨。

最坏的影响发生在第一波的传染病暴发中。随后几波传染病的暴发所引起的消费者反应不太大，而且几乎不会影响到长期家禽的消费。这些冲击影响最大的是无法承担替代动物蛋白的贫困消费者、小规模的家禽生产者和以家禽谋生的商贩。尽管这些冲击是暂时的，但是上述最受影响的人们用来缓冲的安全网很有限。

柬埔寨 2004 年 1 月报道了第一次禽流感的暴发，以此次价格影响为例。柬埔寨的鸡肉和鸡蛋的需求以及价格直接急剧下降（Sothyra，2004，见下图），随后消费者信心恢复后有所反弹。2004 年大多数时候猪肉、牛肉和鱼的价格高于 2003 年。

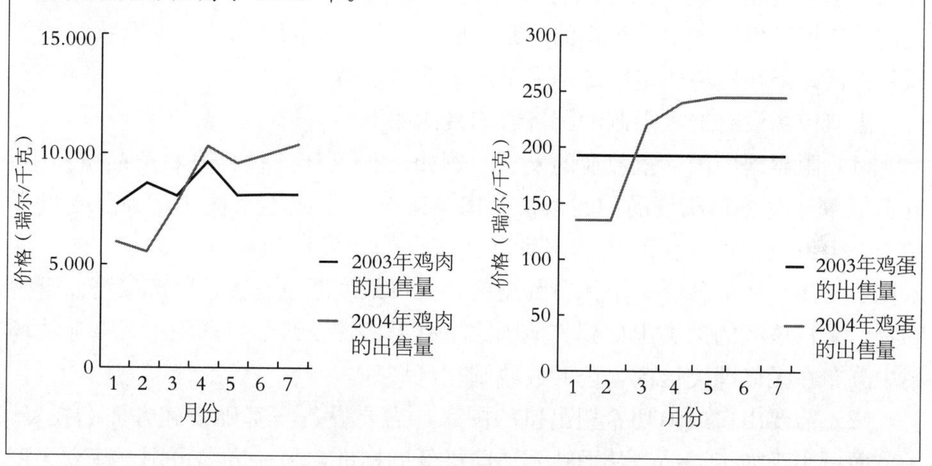

有时，两种冲击会连续发生。这是 H5N1 型高致病性禽流感在影响最严重的一些国家的事例。一旦发生，这些影响就很严重而且吓人，但是其持续的时间往往很短。

4.1.2.2 出口市场的贸易限制

“须报告的”疫病是法律要求须报告给政府部门和根据世界贸易组织关于卫生和植物检疫措施的规定政府应该报告给世界动物卫生组织的疫病。世界动物卫生组织将大多数跨境动物疫病归为须报告的疫病，因此在卫生与植物检疫措施协议（SPS协议）下，他们就有理由限制或禁止牲畜的进口及牲畜产品的进口。在此协议下，国家有权限制牲畜产品的进口，将跨境动物疫病传播到本国牲畜的风险减少到最小。

牛传染性胸膜肺炎（CBPP）、裂谷热病毒（RVF）等一些疫病主要影响活禽的出口国家，但是口蹄疫（FMD）等其他一些疫病却广泛影响家畜产品的出口国家。在所有的跨境动物疫病中，口蹄疫对国际贸易的限制最大，尽管它的致死率不高，在一些生产系统中对生产率的影响很小，但是预防口蹄疫花费高，而且很难根除*。该病毒的携带者是受感染的活禽及各种家禽产品。口蹄疫的大部分经济影响是贸易限制的直接或间接作用，出于这个原因，口蹄疫在跨境动物疫病及出口市场中的讨论中占据核心的地位。

可否进入溢价出口市场取决于在整个国家内或某一定义区域或空间内不受某些跨境动物疫病的影响。尽管没有疫病并不能确保进入溢价的出口市场，但是存在一些跨境动物疫病极有可能使出口到溢价市场受阻。而病原体携带风险极低的产品即使是来自家畜传染病滋生的国家或地区，也是可被销售的，这被称为“基于商品的贸易”。经热处理而达标的畜产品，包装后即属于该范畴。然而，依据世界动物卫生组织的准则，屠宰并熟成后的冷藏肉、去骨肉虽同样风险极低，但在贸易协定中却不完全属于上述范畴。

出口市场设有准入限制的经济影响具体如下：

（1）阻碍国内国际畜牧业的发展。例如，2009年，世界畜牧产品贸易中，近70%属于易感口蹄疫品种的家畜及肉类来自官方或历来被认定为免受世界动物卫生组织管理条例约束的国家（经济合作与发展组织/FAO，2009）。纳米比亚与博茨瓦纳各有一个无口蹄疫区，无口蹄疫区设有篱笆隔离家畜及野生动物，来自该区的肉类出口到其他国家享有无口蹄疫认证。两国中，商业牧场集中分布在无口蹄疫区内，公共放牧则在区域外。

（2）需要出口或迫切希望出口的国家，需要设备与基础设施方面的投资，一方面可用于加工产品，从而达到风险极低的标准，另一方面可用于建立无疫

* 口蹄疫影响活动物、动物产品、反刍动物和猪。接种疫苗价格昂贵，因为有数种病毒株且每次接种疫苗只能起到短时期的保护作用。成为官方认可的无口蹄疫区或设有无口蹄疫区意味着拥有一项高竞争力的兽医服务。

病区（插文4）。

插文4　举例说明贸易限制带来的影响

卫生检疫措施方面的投资成本

赞比西河流域位于纳米比亚西北部，是9万人与12万头牲畜的家园。该区域每年需出口肉类260～430吨，以维持养牛人的生计。虽然出口屠宰场运用世界动物卫生组织的标准，但赞比西河流域因属于口蹄疫感染区，只能将产品出口至极少数区域性市场。根除口蹄疫并不可行，因为赞比西河流域坐落于一片区域性野生动物保护区内。一项最近的研究建议投资加工厂，因为经过热处理加工的肉比冷藏去骨的牛肉更易出口（Satoto，2013）。

在某出口国的一次跨境动物疫病暴发

非洲之角索马里半岛的大批羊群中有幼羊出口至中东地区，沙特阿拉伯是其中一个重要市场。面向出口的一个本土产业已经形成，有特别针对出口牲畜而生产的饲料。裂谷热病毒的暴发切断了非洲之角与中东部分地区1997—1998年、2000年和2007年的贸易。1997—1998年，索马里300万牲畜中的75%受到裂谷热病毒暴发的影响。一些贸易商能规避限制，但其他贸易商和家畜养殖者因低价和无法出售牲畜而饱受痛苦（Aklilu和Catley，2009）。埃塞俄比亚的索马里半岛区域是该国主要出口产地，据2003年的一项评估，该国国内生产总值（GDP）比寻常年份损失25%。附加值比寻常年份降低42%，附加值损失共计1.32亿美元（Nin Pratt等，2005）。

（3）疫病在无疫病出口国暴发时，往往造成严重的市场混乱（插文4）。

（4）跨境动物传染性疫病牵连贸易管制范围内数国，虽持续时间短，仍会造成国际市场的震荡，因为牲畜市场对供应端问题十分敏感。若疫病在不止一个主要出口国暴发，或是疫病紧接着在其他物种间暴发，市场震荡将更为严重。

贸易管制对进口国有潜在的消极影响，当畜产品进口存在重重限制时，跨境动物疫病的暴发影响国内主要食品的供应。近年来，唯一的例子便是埃及暴发的长期高致病性禽流感。当时为保护国内畜牧业，埃及短期内设置了家禽类产品的进口限制。对于一类家畜食品的短缺，消费者的一般反应是转向其他替代食品。如果供应短缺十分严重，就会导致暂时的物价上涨。

在受限市场建立经济影响力十分不易，因为这需要能对机会成本做出合理评估，即考虑到无限制时可能发生的情况。无疫病区特权以外的许多其他因素也影响出口能力：产品质量与价格，供应量与供应可靠性，以及政府对贸易协定的协商能力（McLeod和Leslie，2001；McLeod和Honhold，2012）。在当前经济环境下，即使能克服卫生与植物检疫措施的障碍而出口，饲养成本也十分高昂。

4.1.3 防治措施

跨境动物疫病的预防控制措施致力于减少上述疫病损失和市场动荡带来的消极影响。由于跨境动物疫病伴随外部效应，政府及农民均投资于疫病的预防和控制。然而，控制措施需要相应的成本，这成为跨境动物疫病的影响之一。

政府参与程度将受到本土情形和该国官方疫病情况的影响。当疫病主要属于本土问题时，政府或许不会进行干预，而是由农民采取生物安全性和接种疫苗相关措施保护自家畜群。

当某区域正为国际贸易而成为无疫病区时，常常会有更为激进的方案推行。最初，在可能范围内，通过监管和接种疫苗，疫病发生率水平会得以降低。一旦发生率非常低，动物会被检验，感染动物或畜群会被屠宰。

当一国部分或所有区域已被官方宣布为无疫病区时，政府行为一般十分果断，维持上述地位与公众或私人利益十分契合。在无疫病区内，疫病暴发时通过屠宰受感染畜群和易感畜群，采取极严格的控制措施，任何疫病暴发都将被"扑灭"。

上述方案因有不同的预防控制成本及特定农民群体，作用也不尽相同。基于已采取的预防控制措施，以下经济影响均有可能出现：

（1）预防和防范成本（检疫、认证计划、接种疫苗、生物安全、监视和预警）。

（2）疫情控制成本（疫病检测、疫情转移控制、动物扑杀、尸体处理和疫病跟踪产生的操作成本；屠宰动物的损失；农民等待补充库存的成本）。如果扑杀范围十分广泛，或是疫情转移控制跨越时期较长，农场及整个家畜市场链雇佣临时工可能受到影响。

（3）机会成本，即由于跨境动物疫病控制政策，农民不能做政策规定外他们原本会做的事，例如，若设立警戒篱笆以保护无疫病区，便切断了农民旱季放牧的通道。

插文5提供了越南应对猪繁殖与呼吸综合征成本的案例。

插文 5　防控措施影响例证

越南猪繁殖与呼吸综合征

猪繁殖与呼吸综合征（PRRS）在越南可能已经出现一段时间了，但在 2007 年，其开始导致猪的高死亡率，这引起了农民和政府的关注。自 2007 年以来，疫情已通过扑杀和隔离得到控制。最初，感染和易感公社都属于控制对象，但自 2008 年以来，只有感染畜群被扑杀，感染公社被隔离。有一项估计是关于猪繁殖与呼吸综合征在畜牧业中的总体经济影响。以下展示了疫病控制措施的相关成本：政府为预防、防范及控制疫情付出的成本；一些农民为控制疫情在最低补偿条件下扑杀家猪而付出的成本；其他因隔离措施而销售延迟、毛利率下降的损失。

	总计	2007	2008	2009	2010
政府监测和疫情控制	289.6	72.4	72.4	72.4	72.4
被扑杀猪的价值	346.1	36.4	163.4	3.7	142.7
隔离造成的毛利损失	498.4	24.8	150.1	84.3	239.2
总计	1 134.1	133.6	385.9	160.4	454.3

单位：十亿越南盾，美元对越南盾汇率为 1∶15 959。

注：若某一分析涵盖几年的数据，有助于将所有的价格转换为一个基准年的相应价格，从而去除通货膨胀带来的价格波动。

来源：McLeod 等（2013）。

4.1.4　畜牧业之外的影响

4.1.4.1　人群健康

跨境动物疫病可以直接和间接影响人类健康。直接影响即人类感染人畜共患跨境动物疫病（那些在脊椎动物和人类之间自然传播的疫病），并生病。人类临床疫病的成本是显而易见、可衡量的，许多发表的报告中对此做过估算。间接影响即跨境动物疫病严重扰乱食品供应，影响贫困家庭获取食物。

人畜共患跨境动物疫病有经济影响，其导致人死亡或使人患病，令人无法做他们通常会做的事，或迫使他们接受治疗。布鲁氏菌病、禽流感特定病毒、狂犬病、西尼罗河热、裂谷热都是人畜共患跨境动物疫病的例子。前两类疫病在畜牧业和人类健康方面有经济影响。最后三类主要是人类疫病，野生动物、家养动物参与疫病传播过程；无论是疫病还是控制过程对家畜都没有任何显著的经济影响。

人畜共患疫病对人类健康的经济影响包括人类生命在价值（或数量）方面

的损失，疫病造成的生产力损失，私人或公共卫生体系承担的个人治病费用。

当跨境动物疫病感染缩短人类寿命时，经济分析要求我们为人类生命打上货币价值。大量文献致力于挖掘计算该价值的方法，并探究我们在此过程中感到不适的原因。统计生命价值用于展示一个成年人生命的“平均价值”，这以一位年轻人的黄金年龄为基准，一般被认为是 40 年。没有标准地统计生命价值，每个国家和每个时间段都须分别计算。有时，评估寿命长短而非生命本身的价值是更为可行的。寿命表现为伤残调整生命年（DALYs）或质量调整生命年（QALYs）。评估一个生命或一年寿命的方法并不简单。最好的方法或许是支付意愿研究，即测量个体愿意为减少疫病与死亡风险所付出的成本。但在某些国家中，人们的生产生活多在正式的现金经济之外，上述方法很难适用。

若在利益方面的主要影响是人类生命的损失或数年生产力的损失，从生命数量与寿命长短损失的角度而非试图通过计算其货币价值来展示上述影响，往往更具有简便性与一致性。世界卫生组织的全球疫病负担项目从死亡人数和伤残调整生命年的角度测量了人类疫病的负担。

布鲁氏菌病等人畜共患疫病影响人类健康和畜牧业。在处理此类疫病时，经济学家们需要做出选择——或是在上述诸多限制之下，试图用经济价值衡量人类寿命的价值；或是尝试同时处理两类影响评估结果：货币价值与伤残调整生命年，它们不能相加，不能作为总体表述。

狂犬病、布鲁氏菌病和高致病性禽流感是经济研究中涉及最多的人畜共患跨境动物疫病。狂犬病对牲畜的影响非常微小，控制项目中不包含牲畜，除一些吃狗的国家以外。直到现在，狂犬病仅被视为人类疫病。人畜共患禽流感病毒迄今为止致死率很低，一般通过测量畜牧业损失和公众健康损失，计算其影响。有一项实验，试图模拟人类大规模流感的影响，包括人类生命的损失、医疗费用支出、商业、银行业及交通混乱（McKibbin 和 Sidorenko，2006；插文 6）。对布鲁氏菌病的经济分析，或是将重点放在畜牧业，或是分别从经济成本和伤残调整生命年的角度作了报告（McDermott 等，2013；Roth 等，2003）。

除疫病造成的影响以外，跨境动物疫病通过干扰食品供应，能潜在影响人体营养补给；通过影响家庭收入，影响人们食物获取。然而，要有效展示这些关系非常具有挑战性，也很少有人尝试过这么做。原因之一是“信号噪声比”比率很大，即很多因素可能对饮食和营养产生影响，很难梳理出真正可以归因于跨境动物疫病的影响。在过去的十年里，有许多跨境动物疫病的疫情，但也有洪水、干旱和全球经济危机，这些都影响了食品供应，导致了食品价格的上涨。更进一步的问题在于，在最易受到影响的家庭中记录饮食变化是一项需要付出大量时间和精力的工作，发现的任何饮食变化是否可以归因于跨境动物疫病或是相关控制措施是很难评估的。

当H5N1型高致病性禽流感在60多个国家中传播时，有一些家庭的粮食安全可能暂时受到影响，也有一些家庭的饮食因家禽死亡或扑杀家禽而发生变化，但没有强有力的证据证明高致病性禽流感疫情和营养不良之间存在联系。最近，埃及有一份关于粮食安全的报告指出："埃及儿童的营养状况与食品准入指标没有直接关系"，尽管该报告还指出，为控制高致病性禽流感扑杀家禽而导致的禽肉和禽蛋供应突然中断可能引发人们营养不良（世界粮食计划署，2011）。

4.1.4.2 旅游、野生动物和生物多样性

人畜共患的跨境动物疫病或相关控制措施可能影响旅游业，受感染区域或受限农村不鼓励游客参观游览，造成旅游业利润损失。如果牲畜间蔓延的人畜共患疫病引起人类流行病的暴发，可能导致极大范围内的商业混乱，企业和公共部门的操作中断。

跨境动物疫病的预防和控制可能对野生动物和生物多样性产生影响。例如，人们消除水库中的潜在疫病需要扑杀野生动物；饲料和饲料生产规模的扩大，需要侵占野生动物使用的森林和草原。

插文6 跨境动物疫病畜牧业之外影响例证

高致病性禽流感的潜在成本

H5N1型高致病性禽流感于2004—2005年开始在亚洲蔓延时，引起了人们的恐慌。早先的SARS疫病展示了快速传播的人畜共患疫病对商业和日常生活的影响程度。McKibbin和Sidorenko（2006）的一项研究模拟了疫病对人类健康和国家经济更为广泛的影响。控制流感能力的不确定性意味着一系列潜在成本包含在内，生命损失和国民经济动荡的损失从数十亿到数万亿美元不等。该估计并未得到验证，因为人类流行病在2004—2013年没有出现。

英国口蹄疫

2001年疫情暴发时，英国国家审计署公布了一份成本评估。据估计，总成本超过80亿英镑，其中大约50亿英镑的成本来自旅游业及其配套产业。英国许多景色宜人的农村减少了游客接待量，被扑杀后的动物尸体成堆燃烧，令游人望而却步。夏季三个多月以来，外国游客的数量令假期游客访问量降低了15%。30%的英国游客改变了假期计划（国家审计署，2002）。

4.1.4.3 粮食安全

通常来说，跨境动物疫病影响粮食安全，而相关控制措施理论上有利于粮

食安全。

然而，关于跨境动物疫病或相关控制措施对正式粮食安全框架影响的评估却非常少。FAO的概念化粮食安全框架包含四个“支柱”（插文7）。另外，它分为两个时间维度：长期性与短时性。长期性影响由持续的供应短缺或影响个人食物获取的系统性弱点导致，短时性影响与冲突或天气问题有关。两类问题需要同时解决，因为面临长期性粮食短缺的个人与团体缺少社会保障，易遭遇短时性问题。而不当的危机应对措施可能会削弱长期粮食安全的基础，破坏当地市场或造成依赖性。

直观上，跨境动物疫病如何与粮食安全支柱相联系是显而易见的。动物死亡或生病可能会降低肉类、牛奶和鸡蛋的供应，影响牲畜所有者用于购买食物的收入、社会资本及其获取社会保障的机会。人畜共患疫病影响营养健康，例如，布鲁氏菌病令喝过受感染牛奶的消费者生病；高致病性禽流感可通过受感染家禽的肉或尸体传播给人类。

然而，很少有出版物证明过跨境动物疫病与粮食安全支柱之间的因果关系，对联系做量化分析的更是少之又少。多数研究已关注相关食物获取渠道，如牲畜生产者的收入或消费者剩余。少数研究已经展示了跨境动物疫病暴发对牧区社会粮食供应的直接影响。例如，Barasa等（2008）发现，在南苏丹，口蹄疫常发生在旱季出现“饥饿缺口”时，那时，牛奶作为一种食物来源，家家户户对其有特别的依赖。Jibat等（2013）也报道过旱季埃塞俄比亚牧区口蹄疫的暴发。

插文7　粮食安全的四大支柱

食物可供量： 足量质量达标的食物供应，来源于国内生产和进口（包括粮食援助）。

食物获取渠道： 个人获取足量资源（权利），用以获得饮食营养所需食物的途径。以上权利被定义为在所居住社区的法律、政治、经济和社会安排下，个人有权处置的商品集合（包括获取公共资源等传统的权利）。

稳定性： 所谓粮食安全，即群体、家庭或个人必须能时刻获取到足量食物。在突然的危机（如经济或气候危机）或周期性事件（如季节性粮食短缺）发生时，他们不应该面临无法获取食物的风险。因此，稳定性的概念可以指粮食安全中食物可利用性与获取渠道两个维度。

利用： 食物利用具体通过足量饮食、洁净水、卫生与保健保证营养健康状态，满足生理需求。这凸显了粮食安全中非食品补给的重要性。

来源：FAO（2006）。

在这些指导方针下的文献搜索仅发现一份与跨境动物疫病有关的出版物符合粮食安全框架，这一事实正是拥有兽医服务的世界动物卫生组织所发布的一份调查结果。在调查结果中，跨境动物疫病对粮食安全的影响与首席兽医官们所相信的事实大相径庭（Bonnet，2011）。

要在跨境动物疫病与粮食安全之间建立明确的因果联系并非易事。食品体系是动态而具有弹性的；众多家庭与社区都有能够帮助他们度过暂时的难关的应对机制，此外，全球市场也以自我调整来填补供应缺口。虽然联合国机构已经对粮食安全予以高度重视，但在跨境动物疫病的经济影响与粮食安全框架之间找出二者的系统性联系仍具有重要价值。

粮食安全优质参考包括 Pingali 等（2005）、世界粮食安全委员会（2005）和 FAO（2009，2010b）。FAO（2011a）提供牲畜在粮食安全中的角色细节描述。

4.2 全球分析举例

正如第 3 章所言，跨境动物疫病全球性或区域性影响的预测可能用于说明或解释国际社会对某一疫病的关注或决定未来政策的走向。

理想状态下，全球性的预测应由各国现存的细节评估整合构成，但与此类似且质优量多的研究却是凤毛麟角。另一办法就是基于间接数据，对所选的特定国家或区域做出预测，并整合结果。

世界动物卫生组织委托了一项研究用于模拟畜牧业因全球高致病性禽流感蔓延而产生的成本费用（插文 8）。我们提供的口蹄疫全球性影响预测作为收集到的部分证据有力地支持了一项名为“逐步控制”的国际性倡议（插文 15）。因为存在采集全部研究区域数据的可能性，该评估基于影响的两个部分——生产损失和疫苗接种成本。

McKibbin 和 Sidorenko（2006）通过模拟 4 种情形对 20 个靠贸易与资本流通互动的经济体国内生产总值的影响，分析了一种人类流感大流行所产生的潜在影响，该流感源自于高致病性禽流感。一直以来，我们并没有在牲畜疫病方面做出任何广泛性努力。

4.3 国家、行业层面分析案例

正如第 3 章所言，我们需要一份国家级的跨境动物疫病影响预测以解释政府对某一疫病的关注，或向政府表明通过跨境动物疫病防治措施筹款可获得资金。在严重的动物疫病暴发过后，作为公众责任的重点，对疫病暴发带来的成本进行估价就显得十分必要。将跨境动物疫病对粮食安全的影响作出评估也十分重要。

插文 8　全球经济影响

高致病性禽流感

基于来自三个案例研究国家的发现，世界动物卫生组织委托了一项研究以模拟全球高致病性禽流感在三种可能暴发的严重程度上给畜牧业带来的成本，并预计如果将间接成本排除在外，直接成本可能在 53 亿～97 亿美元，而如果将间接的农场费用包括在内，成本则将高达 213 亿美元之多（Agra - CEAS，2007）。

口蹄疫

在当前防控情况下，口蹄疫对全球的经济影响是使用电子表格程序计算的。我们对中国、印度、亚洲其他区域、非洲、欧洲、中东地区做出了各自相应的单独预测和共同整合版本的预测。影响分为直接影响（以生产损失为代表）和间接影响（以疫苗接种为代表）。利用来自 FAO 统计数据库和纸质出版物的数据，笔者们预计每年有 2 000 万头牛、1 100 万只猪、1 100 万只山羊和 9 只绵羊感染口蹄疫。

影响的价值估计如下：

	价值（单位：百万美元）
直接影响（生产损失）	2 693（其中 24%在中国）
间接影响（疫苗接种成本）	2 350（其中 68%在中国）
共计	5 043（其中 44%在中国）

来源：Rushton 等（2012）。

以食品供应与消费变化而衡量。此处所提供的示例包含了先前在表 2 中确认的几种方法。

4.3.1　国家统计数据对比

在有疫病暴发和没有疫病暴发的年份里，依据公布出的宏观经济指标，例如，国内生产总值或总产值的减少量，对比推断跨境动物疫病在国家或产业层面的经济影响有时候是有可能的。这是一种只需要有限数据的简单方法，但也只能提供对其影响的粗略估算。在以下三种情况下，跨境动物疫病才会对某一宏观经济指标产生易为人们所察觉的影响。①当受感染的牲畜种类对经济发展贡献重大时；②当疫病广泛传播时，例如当大规模疫病暴发致使牲畜大量死亡或防控需要采取非常严格的宰杀措施；③当跨境动物疫病的影响有可能从其他对畜牧业产生影响的因素中区分开时（也被称为归因）。

插文 9 所示案例中，通过粗略对比高致病性禽流感暴发后牲畜总产值与无疫情发生的合理预期总产值，从而有可能得出其影响严重程度的大致估计。

插文 9　H5N1 型高致病性禽流感和牛瘟的宏观经济效应

越南：2004 年 H5N1 型高致病性禽流感对家禽总产值的影响

一次 H5N1 型高致病性禽流感大暴发于 2003 年年底开始席卷越南。在那次流感大流行后，近 4 000 万只家禽被宰杀，疫情才得到控制。流感暴发前，越南的家禽总产量自 1997 年以来每年大约增长 7%。在 2003—2004 年，其总产出值由 2003 年的 86 940 亿越南盾降至 73 800 亿越南盾，若无疫情，这一产值本应有望增长至 93 020 亿越南盾。由于当时没有暴发其他牲畜疫情或市场因素导致产值严重下滑，高致病性禽流感毫无疑问是导致估计产值和实际产值之间 19 220 亿越南盾的差距的原因。

	2002 年	2003 年	2004 年
家禽总产值（单位：10 亿越南盾）（源自全球社会瞭望网站）	7 928	8 694	7 380
若无高致病性禽流感疫情时的估计产值（单位：10 亿越南盾）（根据先前趋势推断）	7 928	8 694	9 302
产出损失应归咎于高致病性禽流感（2004 年官方汇率 1 美元=15 746 越南盾）		19 220 亿越南盾 1.22 亿美元 估计产值的 21%	

来源：McLeod（2013）。

4.3.2　宏观经济模型

在对国家产生复杂影响的领域有必要使用宏观经济模型。这需要技巧并需要大量的数据。下文即以宏观经济模型评估跨境动物疫病对国民经济影响的案例，其中，产业为国民经济的发展带来硕果，而国民经济则为涉及其中的人们带来实惠。

（1）社会核算矩阵是一种关于整体经济的资源与资源流动的矩阵，能用于预测宏观层面上的变化影响以及某一产业所发生的变化对其他产业的影响。从经济角度而言，畜牧业与诸如零售和旅游之类的其他产业有所联系。

Townsend 和 Sigwele（1998）在计算牛肺疫对博茨瓦纳的经济影响中用到了社会核算矩阵。Rich 等在评估乍得国内消除牛瘟运动的影响时使用了社会核算矩阵（插文 10）。

（2）可计算一般均衡模型（一种基于联立方程式的经济模型）将不同产业之间的资源流动纳入了考虑。该模型可能会用到社会核算矩阵以收集数据。可计算一般均衡模型能够预测某一产业变化对另一产业产出造成的连锁反应。Blake 等（2003）使用可计算一般均衡模型预测了一次口蹄疫疫情的暴发对英国旅游业的影响。可计算一般均衡模型也被用于预测口蹄疫和高致病性禽流感的影响（插文 10）。

（3）在预测经济剩余的模型中对比供需曲线能够预测对生产者和消费者的影响。消费者剩余代表消费者从其所能够消费的某一商品中所得的利益，而这一商品的价格略低于消费者打算支付的价格，同时，生产者剩余代表生产者从生产某一商品的过程中所得的利益，而这一商品的价格高于生产者的最低生产价格。跨境动物疫病的出现使得牲畜养殖成本和牲畜产品购买价格上涨，从而影响消费者剩余和生产者剩余或其中一者。Paarlberg 等（2002）将一个包含需求、供给、贸易在内的美国模型和一个流行病学模型整合后用于预测口蹄疫暴发所带来的潜在影响。Pendell 等（2002）将一个局部均衡模型、一个投入-产出模型和一个流行病学模型整合后用于预测美国堪萨斯州西南部口蹄疫暴发所带来的影响。1997 年，经济剩余模型的使用，让肯尼亚农业研究项目下的动物卫生计划得以优先开展，这一计划涵盖了跨境动物疫病和其他疫病（Wanyangu 等，2000）。

4.3.3 模拟建模

通过建立牲畜数量的数学模型，并对比模拟疫情与种群健康两种情况下的产出值，能够预测出疫病对畜牧业的影响。虽然无关紧要，但整合牲畜数量模型和流行病学模型对模拟疫情扩散是有帮助的。我们能在电子表格程序或程序开发中建立模拟模型，模型可能具有动态性（为每一个输入变量输入一个值）或随机性（某些输入变量可表示为一系列的值，此外，模型可得出一系列输出量以及每种输出量的预测概率）。模拟建模要求对畜牧系统有深度理解以及可靠的数据，但并没有宏观经济建模要求那么苛刻。

模拟模型在衡量动物卫生干预措施的经济可行性时很常见，我们将在第 5 章对其做出探讨。案例包括 Leslie、Barozzi 和 Otte（1997）（口蹄疫），McLeod 等（2003）（猪瘟），Perry 等（1999）（口蹄疫）和 Rich 等（2009）（动植物卫生检疫措施实施）。

4.4 利益相关方层面评估举例

正如先前在4.3节中所探讨的，在国家层面上的评估既可根据利益相关方，又可以全国为整体来开展，也可以仅考虑特定利益相关方来开展评估。

插文10 利用宏观经济模型评估跨境动物疫病的影响

乍得和印度的牛瘟疫情

在分析牛瘟消除运动的经济影响时，社会核算矩阵被用于计算宏观经济影响。牛瘟曾一度流行，席卷乍得，泛非牛瘟消除运动计划和泛非流行病控制计划在其国内实施高水平疫苗接种项目长达10年之久，截至2000年，该国再无牛瘟疫情报告。社会核算矩阵分析估计，若牛瘟依旧在乍得肆虐，该国2000年国内生产总值要比当前值减少1%，农村地区收入则减少2.6%。使用可计算一般均衡模型，我们可以推断出未来一个时期的分析以及对整个西非地区的分析。

印度也在其历史长河中深受牛瘟暴发困扰，但在1995年该国彻底摆脱了牛瘟。由于没有社会核算矩阵适用于1995年的印度，所以研究团队建立了一个2008年的社会核算矩阵并以此评估摆脱牛瘟困扰对印度整体经济的影响。因为牛瘟可能会对食品价格产生影响，研究团队估计摆脱牛瘟对家庭消费的影响超过其对家庭收入的影响（FAO，2012）。

美国与澳大利亚的口蹄疫疫情

在缺乏预防措施的情况下，对疫情造成的损失做出经济评估能够对疫病预防方面的公共支出做出合理的解释。在美国所做的评估整合了流行病学模型和经济学模型，该评估表明，一旦口蹄疫暴发，美国农场收入方面可能会有140亿美元的损失（Paarlberg等，2002）。

澳大利亚也是一个无口蹄疫疫情的国家，但通过可计算一般均衡模型预计，如果澳大利亚国内多州暴发疫情，可能会造成493亿～518亿澳元的收入损失（按现行汇率合462亿～492亿美元），并外加630万～6 002万澳元（合600万～5 720万美元）的疫病防控和赔偿费用（Buetre等，2013）。而与畜牧业相竞争的产业如园艺和粮食生产可获利150万澳元之多。

泰国的高致病性禽流感疫情

泰国发展研究机构以可计算一般均衡模型初步评估了H5N1型高致病

性禽流感的经济影响，并估计其一年的国内生产总值增长率可能会下跌0.7%～0.9%。家禽业产值占泰国农业国内生产总值的4%。这一模型预计疫情对国内生产总值的影响是短期且有限的，但由于家禽业短期内生产中断而恢复生产周期较长，使得疫情对中小农场的用工招聘影响较为持久且更加严重（Poapongsakorn，2004）。

4.4.1 模拟模型

在评估国家以下层面的影响，尤其是在评估对畜牧行业内部的影响时，电子表格程序模拟模型（见4.2节）是一种极为便利的工具。近期的案例是一次利用随机电子表格程序模型评估牛肺疫对肯尼亚畜牧场主的影响（Onono等，2014）。这次评估将死亡牲畜数量、牛奶减产量、畜肉减产量、减少的产仔率纳入考虑，并预计每年畜牧场主群体总共要为牛肺疫花费760万美元。

电子表格程序模拟模型也曾被用于研究越南国内猪瘟暴发对养猪场主和商贩所造成的差异化影响（McLeod等，2003；Taylor等，2003），此外，该研究还分辨了口蹄疫对受越南影响的邻近区域和商业化生产体系的影响。

4.4.2 可持续生计分析

在评估某一跨境动物疫病对小农和弱势人群的影响时，承认他们的生计所受影响难以量化十分重要。谋生之道（即获取收入的能力）对每个人而言都很重要，当然，生活也还有其他方面。英国国际开发署所描述的可持续生计框架（海外发展研究所，1999）可能是最全面的一次尝试建立生计分析系统方法。它定义了三种类型的结果，均在分析中有所考虑：更高的收入，减少脆弱性，更加可持续的自然资源基础。

该框架定义了四种生计资产或资本。这些生计资产或资本是财务的（收入）、物质的（资产价值）、自然的（如土壤肥力或水质）、人（健康与教育）与社会的（人际关系网支持以及声望来源的获得）。因为前两者（收入与资产价值）最容易评估，所以对牲畜疫病影响的经济分析着重关注这两者。如果能够评估牲畜疫病对作物生产的影响，那人们就有可能把自然资本价值（数据）存储于计算机中。如果牲畜疫病对人类疫病和营养状况的影响是量化的，那其对于人力资本的影响也是可以评估的。或许社会资本是最难评估、最不可能量化的一种资本。

可持续生计框架的另一个重要特征，即该框架特别涵盖了家庭与社区的“脆弱性环境”。动物疫病以及直接且量化的经济影响也可能在农村家庭对抗其他冲击时剥离这些家庭的安全网，让这些家庭变得更加脆弱。如果疫病控制项目没有对宰杀牲畜予以补偿或阻止不富裕人群保住他们的牲畜，那这样的项目也会让农村家庭变得更加脆弱。

第三个要素是“过程和结构”，也就是影响人们行为方式和政策如何实施的地方和政府性质的机构以及文化。文化和机构影响着牲畜拥有者选择是否报告跨境动物疫病疫情以及对什么动物进行疫苗接种。

如果认真仔细地使用标准经济学工具，跨境动物疫病对生计所造成的大部分影响数据都能被存储下来。然而，小农和弱势群体所拥有的牲畜对家庭所做贡献的全部价值更难以货币形式呈现。在这种情况下，有时候，除了经济方面的分析，使用可持续生计框架也是值得的，或者将其作为区分影响过程的一部分，因为这一框架可以强调在其他方式中被忽略的地方。

很少有出版物在跨境动物疫病控制项目（或其他任何动物健康干预措施）中系统使用可持续生计框架。对这一框架有所描述的出版物少之又少，其中之一就是 Perry 等（2002）。然而，依据其他报告也可能推测出对生计的影响（插文 11）。

插文 11　跨境动物疫病防治措施对生计资产影响例证

为控制泰国湄公河区域鸭子养殖户高致病性禽流感疫情所采取的生物安全措施

已采取的措施：对先前在稻田中成群活动的禽鸟采取限制措施。

积极影响：

（1）减少传播给人的风险（对人力资本的积极作用）。

（2）减少鸭群中的病毒传播和发病率（由于鸭子很少死于高致病性禽流感，这一物质资产鲜有增益）。

（3）一些受到限制的鸭群中，鸭子数量变得更加庞大且商业化（收入方面的增长）。

消极影响：

（1）减少鸭子养殖户对稻田的使用（自然资本）。

（2）许多人放弃鸭子养殖（减少了他们生计手段的多样性。未曾有研究评估过已放弃鸭子养殖的养殖户在面对贫困和粮食安全时是否更加脆弱，或者，他们是否已找到替代的生计活动）。

（3）鸭子再也无法清除稻田中的蜗牛，稻田拥有者不得不使用清除蜗牛的化学制剂（对自然资本的消极作用，并加重稻田拥有者的成本负担）。

为控制印度尼西亚雅加达家禽养殖户高致病性禽流感疫情所采取的生物安全措施

已采取的措施：禁止在雅加达市区内养殖家禽。

积极影响：

（1）有可能减少人类，包括家禽养殖户和非养殖户，暴露在H5N1型病毒环境下的风险（对人力资本的积极作用）。

（2）在曾经养殖过禽类的一些居民区或有过禽类贸易的场所中，扬尘和苍蝇大幅减少（对环境的积极作用）。

消极影响：

（1）许多曾养殖鸭子的家庭收入有所减少，特别是这些家庭中的女性（对财务资本的消极影响）。

（2）一些曾以在家养殖家禽并出售禽蛋产品为收入的女性不得不外出务工，这影响到了他们和子女之间曾有的交流（对社会资本的消极影响）。其他人则没有外出务工并承受收入方面的损失。

来源：Heft - Neal 等，2010。

4.5 经济影响的比较估计

动物卫生规划者喜欢对比不同跨境动物疫病的成本，以助于确定优先次序或在募集资金时强调特定疫病的重要性。一些“水平扫描”出版物提供了对比信息：例如，Bio - Era（2005）发表了一个图表，从演示经常使用的若干研究中衍生出对一些跨境动物疫病的成本对比。

然而，对比需谨慎进行。一份报告（世界动物卫生组织，2007）使用标准化方法估计高致病性禽流感在三个国家的成本及口蹄疫在第四个国家的成本，但在单个出版物中找到这种对比分析是不常见的，更常见的是一份报告涉及有限时期内的某种单一疫病。试图对几种疫病进行对比评估或通过时间的推移来分辨趋势的评论人面临着使不同研究的结果标准化的挑战。

表7提供了几个关于技术援助影响的估计值的例子，按财务价值的降序列出。每一个估计值都增加了跨境动物疫病经济影响总值，但在它们之间做直接对比时需谨慎，因为它们的估值和其包含的变量差异很大。它们都是“总值”，但每个都估计不同的“总值”。估计数据根据其规模、分析时段及价格基准年度而不同。每个估计都是由不同的研究人员基于不同的原因、使用其认为适当的方法来进行的。没有一个估计是基于完整的数据，很少一部分使用主要数

据、所有必需的近似值、专家意见及建模来弥补硬数据的缺乏。

表7 对跨境动物疫病影响的一些评估

疫　病	影响价值	规模、时间	参　考
口蹄疫	增至210亿美元	全球年度影响仅考虑了生产损失和疫苗成本	Knight-Jones和Rushton（2013）
口蹄疫	80亿英镑	2001年英国疫情防控成本疫情暴发（30亿英镑用于公共方面，不少于50亿英镑用于私人方面）	英国政府国家审计办公室（2002）
H7N9型高致病性禽流感	65亿美元	中国畜牧业2012—2013	中国农业部2013年预计
H5N1型高致病性禽流感	50亿～100亿美元	亚洲经济成本	《生物时代》（2004）
口蹄疫	4.81亿英镑	2001年苏格兰暴发口蹄疫所带来的农业直接成本（2.31亿英镑）以及旅游业总成本（2.5亿英镑）	爱丁堡皇家学会（2002）
猪瘟	23.4亿美元	为控制1997—1998年在荷兰暴发的疫情的成本	（Meuwissen等，1999）
牛肺疫	每年20亿美元	非洲农民的年度成本	Otte、Nugent和McLeod（2004）
口蹄疫	27亿美元	2010—2011年韩国牲畜业	亚洲第一站健康（2011）
口蹄疫	16亿美元	1997年中国台湾直接成本和出口损失	Yang等（1999）
口蹄疫	2.3亿美元	20世纪80年代早期肯尼亚农民成本	Ellis和Putt（1981）
H5N1型高致病性禽流感	2005年物价标准下的2.14亿美元	2003—2010年越南家禽业	McLeod等（2013）
H5N1型高致病性禽流感	1.247亿美元	越南农民的直接成本	世界动物卫生组织（2007）
H5N1型高致病性禽流感	1.07亿～1.2亿美元	2003—2004年暴发疫情所产生的直接成本	世界银行（2004）
牛肺疫	每年4 480万欧元	非洲的年度成本	Tambi、Maina和Ndi（2006）
羊瘟	每年1 200万美元	每年疫病损失和防控成本的价值	肯尼亚政府（2008）

（续）

疫　病	影响价值	规模、时间	参　　考
口蹄疫	每年700万～900万美元	1997年，在彻底消灭疫情之前，因失去出口牲畜产品的机会而给乌拉圭经济带来的成本负担	Leslie、Barozzi和Otte（1997）
猪瘟	每年270万美元	海地国内小农成本	Otte（1997）
猪瘟	250万美元	智利暴发疫情的直接成本	Pinto（2000）
猪瘟	5 000万美元	1997—2001年墨西哥、巴西、多米尼亚共和国年度损失	Pinto（2003）
高致病性禽流感	265万美元	1983—1984年美国暴发疫情成本	USDA（2005a）

5. 干预措施的经济可行性

需要合理使用公共资源的政府，决定是否投资疫苗接种或生物安全的私人公司、个人，可能对控制跨境动物疫病的干预措施的经济可行性感兴趣。该可行性对农民决定遵守政府条例也有作用。根据分析背景和现有资源，可以从某地到全球对一个跨境动物疫病或一组跨境动物疫病进行估计。该估计可能仅限于畜牧业，或扩大到涵盖对人类卫生或其他部门的影响。

所有评估经济可行性的方法都在某种程度上将“效益”（积极经济影响）与“成本”（消极经济影响）进行对比。一个经济上可行的举措，其利益至少要等于成本，理想情况下比成本高。各方法之间的差异来自于其应用规模、效益和成本量化的方式，以及该分析是否探索了各种可能的情况或者是否尝试达成最佳结果。

本章更详细地研究了第 3 章中提到的在畜牧业采取的干预措施的效益和成本，讨论了用于分析经济可行性的方法并提供了使用实例。本章还讨论了公共卫生部门的效益，但不包括其他部门的效益和成本。

真实评价控制单个跨境动物疫病的影响是很重要的。若某一个跨境动物疫病的发病率大大降低，那么其他疫病的影响可能就变得更加明显。相反，如果通过改善动物卫生服务来控制某个跨境动物疫病，那么可能带来降低其他疫病影响的附带效益。

关于影响评估，“归因”可能是个问题，分析中包含的影响只能归因于相关讨论中的干预。单个跨境动物疫病控制项目作为大型疫病控制计划的一部分，在分析其经济影响时，或与畜牧部门的其他投资同时进行跨境动物疫病控制时，这可能会成问题。

5.1 畜牧业部门的效益来源

5.1.1 产量和资产价值增加

产量和资产价值增加是控制跨境动物疫病最明显的效益，也是最容易估计的。这可能是由现有系统内疫病发病率降低带来的，从而使家畜拥有者在家中消费更多，或在现有市场上销售更多。如果这种干预使畜牧产品进入新市场，如出口市场或连锁超市，那么畜牧产品的农场价格上涨也可能产生效益。

增加的产量可能有相关成本，与饲养更多动物或以新市场要求的标准和质量来生产动物产品相关。这些成本以及额外的产量值必须包含在分析中。分析时可以将其添加到估计的成本方面，或估计相关成本的净产值增加，如毛利率。

资产价值在粗放系统中是重要的，在这种系统中，更多的动物是被作为资产保留，而不是为了销售；或者在控制跨境动物疫病对保留动物的数量有显著影响的情况下，资产价值也很重要。当资产价值包含在成本效益分析中时，它被计算为分析开始和结束时的畜群价值之间的差额。

估计增加产量的成本是值得谨慎对待的，尤其是当疫病发病率的估计是根据尚未通过实验室诊断、临床检查或明确描述临床症状的报告来进行的。高估单一疫病控制的影响也是可能的，因为当某一种疫病被消除时，另一个问题可能会变得更加明显。

插文 12 提供了增加的产量和资产价值带来效益的例子，以及高估某个跨境动物疫病影响的可能性警示。

如果跨境动物疫病控制计划不仅针对单一疫病，而且创造更广泛的效益，将可能会发挥最大的作用。这有两个原因：

（1）农民通常会处理多种动物卫生问题，很少有一种跨境动物疫病始终处于优先处理地位。如果干预工作能帮助他们解决一些问题，他们则更有可能去做。

（2）认识到控制目标跨境动物疫病能获得的效益可能需要时间。由于成本效益和成本有效性分析使用贴现值，干预措施早期实现的效益在经济可行性的最终估计中比后期实现的效益更有分量。

插文 12　跨境动物疫病预防和控制措施对生计资产影响的例子

牛瘟。1989/1990 年至 1996/1997 年期间“泛非洲牛瘟活动”对牛瘟控制的经济影响进行评估，得出的结论为，10 个国家牛产出损失的效益达到 99 179 欧洲货币单位（ECU）。其中，80 999 ECU 来自牛肉，11 806 ECU 来自牛奶，654 ECU 来自役用和粪肥（Tambi 等，1999a）。

牛肺疫。对乌干达西部牧民畜群的牛肺疫控制的经济学事前评估发现，大约 95% 的效益来自产量和资产价值的增加（Twinamasiko，2002）。

警示。Okuthe（1999）研究了肯尼亚西部对放养家禽注射新城疫疫苗的影响。尽管之前曾有口述报告称新城疫带来严重损失，但 Okuthe 两年的研究期间只记录到低发病率，并发现定期接种新城疫疫苗在经济上是微不足道的。

考虑单一跨境动物疫病在经济上可能并不现实。如果控制计划只处理一种疫病或仅针对一个市场，其成本可能太高。干预的附带效益可能比其旨在提供的直接效益具有更大的价值。插文 13 给出了两个例子。

5.1.2 预防和治疗成本降低

控制跨境动物疫病的干预措施减少了之前使用的预防接种或临床治疗的需要。效益体现在：

（1）在比较两种可行的控制方法时，一种强调接种疫苗，另一种则强调活动控制和生物安全。在无疫区不采取疫苗接种来实施控制时，该地区之前使用的任何预防性疫苗接种都将停止，而监测区的疫苗接种频率和覆盖率则可能增加。

（2）在评估农民使用疫苗接种和治疗的疫病流行地区的控制影响时。与产量增加的价值相比，降低成本的效益可能很小。例如，Twinama-siko（2002）发现，在乌干达西部牛肺疫流行，紧急疫苗接种、用抗生素治疗和照顾患病动物占该疫病损失的 5%以下。

5.2 公共卫生事业的效益来源

控制人畜共患的跨境动物疫病对公共卫生事业的效益有两种：

（1）人畜共患跨境动物疫病成为控制目标，挽救人类生命或质量调整。

（2）更少人需要治疗，减少公共卫生系统的成本。

以上两种效益均在蒙古布鲁氏菌病控制研究中发现，描述见插文 14。

5.3 畜牧业部门的成本来源

5.3.1 预防及准备成本

预防及准备成本包括动物卫生情报、生物安全和疫苗接种。

5.3.1.1 动物卫生情报

FAO（2010c）将动物卫生情报定义为“与鉴定可能给动物卫生带来危险的潜在危害有关的所有活动”，包括监测活动、动物卫生信息系统开发及报告工具、疫病和非疫病信息的收集和分析。虽然这在理论上适用于所有家畜疫病，但在实践中往往倾向于偏重跨境动物疫病。

成本包括：

（1）“积极”监督（即对农场、市场和屠宰场进行的调查及监管）。

（2）“被动”监督（农民报告疫病）。

（3）对疫病报告的调查。

（4）对国家和国际信息系统及网络的维护。

插文 13　附带效益

在坦桑尼亚鲁夸区根除口蹄疫

在鲁夸区进行的一项研究表明，口蹄疫的成本主要来自耕作畜力丧失，因此更多地取决于疫病的季节性而不是其年发病率。据估计，尽管根除口蹄疫本身在经济上影响较小且有投资风险，但引入旨在提高普遍生产力而不是根除口蹄疫的“动物卫生包”似乎在经济上可行（Tyler 等，1980）。

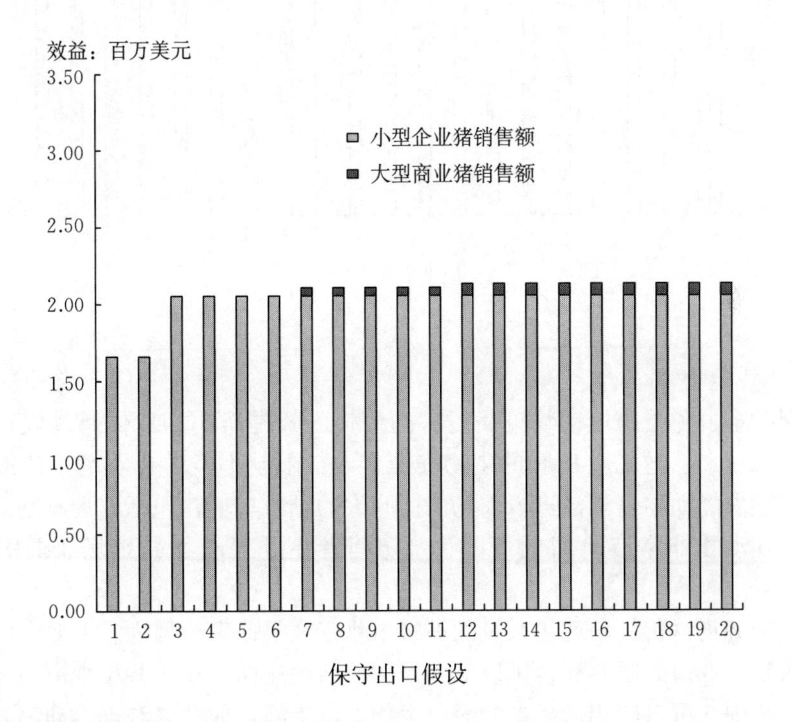

越南无病区

对越南的一个无猪瘟及口蹄疫区进行了事前评估。建立该区的目的是增加大型商业猪企业的猪肉出口。计划建立该区的区域也包含了大量小型猪企业，预计不会成为出口计划的一部分，确实需要变为无病区。分析结果显示，小型企业猪群猪瘟的发病率降低会带来最大效益，增加了国内市场猪肉销售的价值。单独出口猪肉的价值不足以做项目。

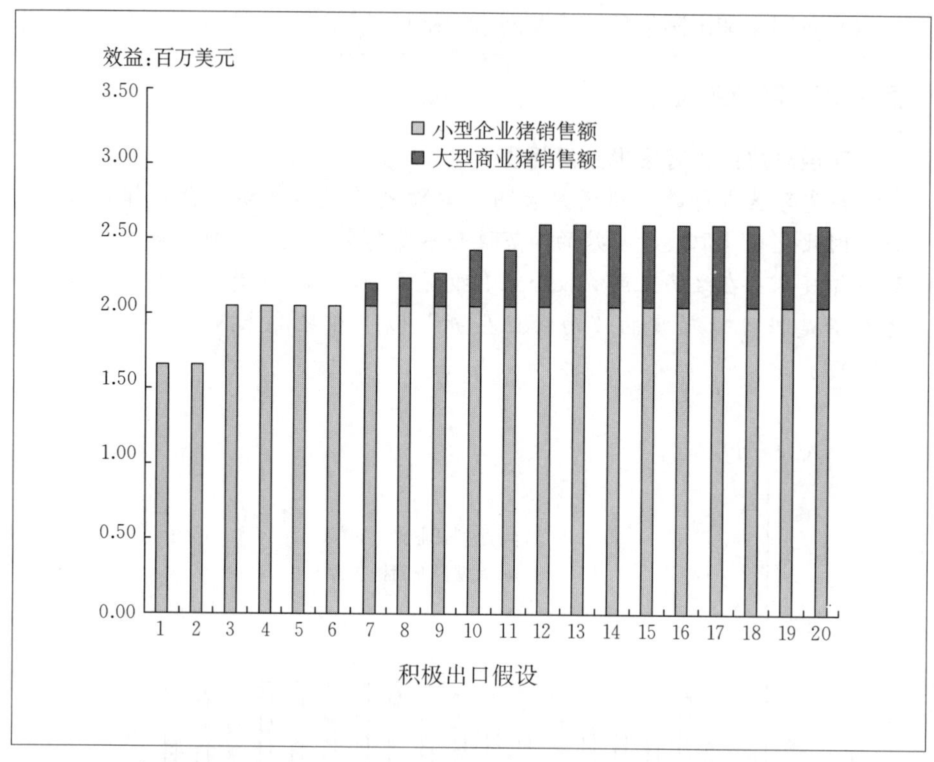

5.3.1.2 生物安全

保护畜群免受跨境动物疫病侵害的最佳方式是防止病原体跨越农场边界（FAO，2008）。这需要良好的生物安全实践：限制不经常在农场生活或工作的人接近农场动物，清洁进入农场的所有人的鞋或车辆，包括农场家庭成员及雇员。在动物非常有价值的情况下，访问者在进入动物养殖场所前需要换衣服。

适用于集约化、高产量系统的高级生物安全很昂贵，因为它需要专门设计的建筑物、专门的服装和鞋子以及频繁的清洁。然而，在一些小规模、较不密集的系统中，可以应用低成本的简单生物安全措施，如肥皂和水、动物处理者穿廉价橡胶鞋，以及采取管理程序以将人和动物将病原体从患病畜群携带到未患病畜群的机会最小化。

5.3.1.3 疫苗接种

大多数跨境动物疫病是由病毒引起的（牛肺疫和山羊传染性胸膜肺炎例外，它们是由支原体引起的）。在单个动物水平上应用的最常见的预防措施是疫苗接种。疫苗适用于多种跨境动物疫病（非洲猪瘟是个例外），有些疫苗比其他疫苗提供更有效的保护。

疫苗接种是一项很高的经常性费用，这也是政府不愿投入长期接种计划的一个原因。但同时，它提供了一种保护畜牧资产的手段。高风险地区的个体农民可能愿意承担经费为自己的养殖动物进行疫苗接种。通过疫苗接种保护不富裕人群的牲畜也是良好的粮食安全和社会原因。然而，没有特定跨境动物疫病的国家可能选择不允许预防性疫苗接种，因为这会限制他们进入出口市场。例如，在欧盟，对口蹄疫的疫苗接种仅用作控制疫情的临时措施。

插文 14　人类卫生受益于跨境动物疫病控制的实例

蒙古布鲁氏菌病

1999 年，蒙古共报告人类布鲁氏菌病 1 482 例，占总人口的 0.6%。报告率很低，实际病例数量疑有报告数量的两倍之多。畜群感染的比例则高得多。1990—1995 年进行的一项调查显示，检查的畜群中有 16%被感染。患布鲁氏菌病的人可能感觉虚弱、关节及肌肉疼痛以及盗汗，有时持续数年，该病偶尔会致命。这种疫病可以治疗，但费用昂贵。对一个拟通过疫苗接种来控制布鲁氏菌病的方案进行了经济评估。

根据疫苗接种的效力和覆盖率的假设，寿命年的效益在 42 400～63 200伤残调整寿命年。

以货币计算，公共卫生系统的效益估计占总效益额 2 050 万～3 420 万美元的 11%～13%，而通过无需支付治疗费用而带来的私人储蓄比例为效益总额的 21%（Roth 等，2003）。

单只受益动物的疫苗接种成本由以下几方面影响而差异巨大（插文 15）：

（1）在动物生命内需要的疫苗接种次数。

（2）疫苗能够预防多谱系的病原体的能力。

（3）向家畜农民交付疫苗的费用，不论是通过官方政府活动还是通过私人购买。

（4）公共及私人兽医服务的生产或出口、测试、交付疫苗的能力（人力和设备），以保证疫苗在需要时可以供应且品质良好。

插文 15　单只动物疫苗接种成本

在“泛非洲牛瘟活动”期间对单只动物接种牛瘟疫苗的成本在 0.27～1.71 美元，而疫苗占总成本的 53.3%（Tambi 等，1999a）。

在 2004—2007 年高致病性禽流感流行期间，对单只鸡鸭接种该病疫苗的成本在越南为 0.055～0.061 美元，在科特迪瓦为 0.13～0.14 美元，在印度尼西亚为 0.08～0.15 美元。只有在印度尼西亚才对生产系统有明显影响，其私人圈养禽类疫苗接种成本几乎是大型商业养殖禽类的两倍（McLeod 等，2007）。

1987 年欧共体对单只牛接种口蹄疫疫苗的成本，希腊为每只 0.74 美元左右，英国为 2.66 美元（Horst 等，1999）。

1994 年柬埔寨对单只肉鸡接种新城疫疫苗的成本约为 4.1 美分，1997 年在荷兰该成本为 1.5 美分（Horst 等，1999）。在柬埔寨，一只禽一个周期要接种四次疫苗，那么每只禽每一周期的接种成本约为 16.5 美分。在荷兰，一个周期只需要接种一次疫苗，因此每只禽每一周期的接种成本为 1.5 美分。

5.3.2 疫情控制成本

疫情控制成本包括：

（1）疫病确认、活动控制、动物宰杀、尸体处理、疫病追踪等运营费用。

（2）被宰杀动物带来的损失。

（3）销售延期或补货延期带来的产值损失。

量化运营成本和损失动物的价值是容易的，但检疫和补货延期的影响并不明显。插文 16 给出了这两种影响的实例。

在有强烈动机控制跨境动物疫病的国家，官方疫情控制活动会承担对被宰杀动物及被销毁饲料所有人的赔偿金。没有被官方宰杀的患病动物死亡很少得到赔偿金，生产损失则更少得到。赔偿金是转移支付，是从一个利益相关群体转移到另一个利益相关群体，不会改变产出或成本的价值，仅仅是更均匀地分配它们。在国家或部门层面的评估中，并不包含赔偿金的支付，只包含禽类宰杀的价值。如果对农场进行影响评估，赔偿金会从动物损失的价值中扣除出来。

插文 16　疫情控制导致的产值损失

在博茨瓦纳和荷兰因补货延期和停工造成损失

在 1997 年 8 月荷兰猪瘟流行，农民得到了销毁畜群价值的赔偿金，但并没有得到设备闲置带来的生产损失的赔偿（Horst 等，1999）。

在博茨瓦纳，尽管给恩加米兰市农民支付了赔偿金以补偿牛肺疫控制中宰杀的牛群价值，可能仍然不足以恢复他们的畜群或生计。如果选择由政府进行补货（这是向恩加米兰市农民提供的选择之一），又可能带来查找和购买合适的动物的问题、潜在的当地市场扭曲和交易商生计的变化、动物从遥远地区运来而不适应当地环境和疫病而产生的维护成本（Mullins 等，1999）。

越南使用检验检疫控制古典猪瘟（CSF）疫情暴发的影响

2003 年，作为控制越南 CSF 疫情手段之一的一项事前分析表明：在整个市场链条控制疫病暴发的成本分布受到是否应用检疫期的强烈影响（共 7 周的蔓延控制）。在没有检疫的情况下，生猪生产者和交易者均摊控制成本。在检疫的情况下，养殖者和终端生产者损失较大，中间商则较正常情况下在生猪制成品中获得更大收益（McLeod 等，2003）。

南定省	年毛利损失率（%）	
影响	无检疫	有检疫
小猪合作社生产商	−3.90	−3.90
种植者合作社生产商	−1.10	−40.60
合作社终端生产商	−1.10	−50.80
合作社总计	−2.40	−26.40
补偿调整后的合作社总计	−1.30	−25.30
装配工	−0.70	−2.40
仔猪、种植者批发商	−0.80	−3.20
终端商	0	34.00

5.3.3 运营和系统变更的机会成本

畜牧系统的强制性变更，如基础设施改善、活畜市场引入新法规、城区禁止饲养牲畜，或规划无病区并限制进入，带来两种类型的成本。

第一种是以下情况带来的基础设施成本：活畜市场搬迁或升级、新建屠宰场或加工设施、动物饲养场地建设或警戒围栏建设。新的基础设施又会带来新的维护和运营成本。

第二种是机会成本：由于控制政策，农民不能做他们曾经惯于做的事情而带来损失。一个突出的例子是若一个国家的某片区域被开发为无病区，则动物和牲畜产品被严格限制进入该区，这就使得农民或交易商不能进入他们之前使用的牧场，或将他们的动物移入或穿过该区来销售。如果跨境动物疫病的控制政策导致畜牧结构分区的长期变化，也会产生控制成本。控制政策可能包括关于牲畜可以在何处饲养及如何管理的规定，即使在没有疫情暴发的情况下都常规执行的活动控制，以及牲畜市场运营条例。随着时间的推移，这些因素致使家庭畜牧企业变得非法或不经济。扩大规模的行业和之前那些小规模行业的生产商失去了曾经拥有的生计。插文 17 提供了由系统变化所导致的机会成本案例。

畜牧业是一个波动性行业，随着跨境动物疫病控制的有无变动而变动。但是如果疫病控制措施加快行业变化，可能遭受最大损失的人是那些需要时间来适应他们生计活动变化的贫穷农民。

插文 17　管理及系统变更产生的机会成本

无疫区。对赞比亚的一个无口蹄疫区市场潜在需求研究发现，商贩通过该区域运输山羊到北部边境一个利润丰厚的市场进行销售。如果该无疫区得以建立，商贩不再被允许经过该区，唯一的替代路线将会更长，也更加困难。销售到利润不那么丰厚的市场，商人们的损失将达到每个动物损失 44 美元，一年要损失 240 万～480 万美元。把季节性迁徙动物带入该地区放牧的人也会发现他们的放牧区域和水都会受到限制（McLeod 和 Honhold，2012）。

禁止泔水喂养。泔水喂猪在英国被禁止，这本身就是控制古典猪瘟倡议的一部分。养猪小散户猪因此受到影响，而且几乎消失了，因为对他们而言，购买饲料喂猪是不划算的。

控制高致病性禽流感的家禽饲养新规。H5N1 型高致病性禽流感改变泰国家禽饲养业的结构，特别是自由放养鸭子在泰国被禁止的情况下（Heft - Neal 等，2010）。此类法规也把家禽饲养业赶出了印度尼西亚雅加达地区。一些女性曾在家养鸡，现在不得不停止这样的工作，在家乡之外另找其他打零工作。

5.4　全球、区域、国家层面案例分析

5.4.1　成本-收益分析

成本-收益分析（cost - benifit analysis，CBA）也许是最著名的动物健康

规划项目经济分析方法。适用于整个行业或全国范围的分析，这种影响也适用于农场或商业层面的干预，这些干预带来的效果会持续好几年。许多典型的案例都说明了成本-收益分析法在农业领域的运用（Gittinger，1974；Ward等，1991）。有一个案例是专门为兽医流行病学家们设计的（Putt等，1988）。

成本-收益分析构建了这样一个算法，即每年收益减去成本。使用这种方法来估计项目净现值（NPV，一个项目预期实现的现金流入的现值与实施该项计划的现金支出的现值的差额）和内部收益率（IRR，投资项目的回报率）。贴现值是用来解释所谓“时间偏好”问题，即优先接收福利而不是等待福利。当净现值大于或等于0，或者内部收益率等于或大于资本的机会成本，就表示一个投资项目经济可行。

成本-收益分析法可用于评价（评估推荐项目的经济可行性，也称为事前分析）或评价（评价项目的经济性成果，此种项目部分或全部完成，也称为事后分析）。分析可以是财务分析（使用市场价格）或经济分析（使用经济或“影子”价格）。

许多跨境动物疫病干预经济可行性研究都用到了成本-收益分析法。几个国家层面的案例分析如下：

（1）古典猪瘟。首次将成本-收益分析法应用于动物疫病研究的是由Ellis在1972年执行的英国古典猪瘟消除项目。本研究的成功引起了人们开始将这种方法应用于其他动物疫病研究中的兴趣，比如炭疽、布鲁氏菌病等畜共患病。McLeod等（2003）用CBA法来分析在越南古典猪瘟控制的经济潜力。Mangen和Burrel（2003）分析了荷兰出口控制的影响。

（2）口蹄疫。James和Ellis（1978）发表了较早的有关口蹄疫控制成本收益分析的论文之一。Perry等（1999）和Randolph等（2002）分析了东南亚国家疫病控制的经济可行性，Perry等（2003）在非洲南部也做了同样的工作。McLeod（2010）估计了东南亚国家口蹄疫战役成本与效益。

（3）牛瘟。Tambi等（1999）回顾性分析了泛非洲牛瘟战役的经济影响。Omiti和Irungu（2010）使用广泛收集的二手数据，采用成本-收益分析法，对肯尼亚和埃塞俄比亚根除牛瘟疫情进行了分析。

（4）无疫区。Taylor等（2003）分析了越南口蹄疫和古典猪瘟无疫区的经济可行性。McLeod和Honhold（2012）回顾了在赞比亚建立无疫区相关可行性分析。

5.4.2 成本-效益分析

成本-效益分析（cost - effectiveness analysis，CEA）有许多相似之处，只是对好处的衡量不同而已。与CBA一样，CEA也适合于全行业或全国性的规划倡议或项目规模较小的干预性项目。与CBA一样，CEA可以用于评价或评估。同样，数字需要折算。CBA把成本和收益按货币值进行估计，而CEA与CBA不同，CEA并不按货币值来计算收益，而是将其按照有效性的度量单位来表示。分析结果是既定结果目标的单位成本。成本-效益分析可用于比较使用不同方法实现同样结果的成本比较，或实现特定不同结果的成本分析。有关更多全面讨论CEA的文献，参见Krupnik（2004）或Abelson（2008）。

成本-效益分析通常用于人类健康项目。其关注点在于拯救人类生命的数量或伤残调整生命年，或者质量调整生命年，而不是这些生命的货币价值或寿命。本分析方法对评估项目经济可行性非常有用，特别用作分析人畜共患跨境动物疫病对人体健康的影响方面。成本-效益分析也可以用来评估动物卫生干预措施，干预的目的是提高一个可以衡量的目标，比如，应对疫病报告而采取兽医服务天数，或者接种疫苗的动物数量。

这种类型的分析有局限性，它只允许一种类型的结果，例如拯救生命的数量。对人畜共患疫病控制导致人类健康的改善和畜牧业增产，成本-效益分析法不能完全表达其潜在益处。

应用于跨境动物疫病控制的成本-效益分析案例有：

（1）Roth等在2003年对布鲁氏菌病控制的分析，在插文14中已经详述。伤残调整生命年成本为19.1～71.4美元，这取决于疫苗接种有效性和覆盖率。它还分别估计了农业和公共健康的利益价值。

（2）分析了不同国家使用的策略情况，估计非洲牛瘟疫苗的成本-效益（Tambi等，1999）。

（3）用成本-效益估计瑞士禽流感病毒监测项目，结合了定性风险评估与监督成本估计。

分析表明，在瑞士，对野生鸟和家禽的监测项目并不能减少疫情首发和二次暴发的概率，尽管此类支出可能仍然是合理的。因为它仍然产生非货币性福利价值，如平和不恐慌的心态（Hasler等，2011）。

5.4.3 其他方法

CBA和CEA都是跨境动物疫病控制最常用的经济分析方法。它们都很容易理解，对数据要求不一定很高，虽然这取决于提供输入数据的方法。

然而，上述两种方法都有其局限。他们可以指出干预措施在经济上是否可行，但是它们不能表明什么是“最佳”干预措施，或者什么是“最佳”控制方法组合。他们不能有效地处理“无形”损失（特别是那些不容易量化的方面）；CBA 弃之不管，而 CEA 看重无形价值，并在估算成本效益时将其用作分母。尽管相关利益方进行的分析可以揭示那些从计划中获益最多的人群，并且可能会被合理地要求支付相关费用，但是，上述两种方法并不对谁应该为资助 TAD 控制项目提供指南。几位作者指出了 CBA 的理论和实践局限性，其中就包括将对小型畜牧业群体分析推断为国家评估的固有危险，或错误地解释结果（McInerney，1991；Tisdell，1994）。Howe 和 Christiansen（2004）针对在动物健康中使用 CBA 分析方法写了一篇很好的批评文章。

以下是一些有关 CBA 和 CEA 可行性分析方法的改进或替代：

（1）一些优化模型尝试利用有限资源的最佳组合来得到更好结果。这些模型对数据要求相对苛刻，通常用于本地或农场层面的分析。然而，Carpenter 等（2011）使用优化模型来估计美国加利福尼亚州暴发口蹄疫的影响，并核实疫病检测延迟的影响。假设检测延误为 21 天，估计每延迟 1 小时，将会导致额外的 5.6 亿美元经济损失。

（2）Häsler 等（2013）提出，需要一种新方法来评估监测和疫苗接种方案。两种情况部分相互替代，需要用一些方法来评估最佳组合。但是，他们并没指出如何把这个概念付诸实践。

（3）决策树分析可为有关跨境动物疫病控制方案提供决策框架。它使用一系列决策，每个决策都有两个可能的答案，以提供一个最终选择的分步指南。Rushton 和 Upton（2006）描述了一个通用的决策树框架，用于选择主动和被动措施的平衡来控制疫情。Tomassen 等（2002）以决策树为估算口蹄疫控制的利益和成本的框架。

（4）评估利益相关方倾向的方法有时可用于评估无形价值，使其有可能被纳入 CBA 或 CEA。在环境经济学中可能用到估值和选择模型，将生物多样性、自然景观或自然栖息地保护等属性予以赋值（Winpenny，1991；Moran，1994；Hanley 等，1998）。有些估值方案也用于评估动物福利。这些方法不太常用于动物健康经济可行性分析。

（5）条件估值评估法也可用于评估农民支付他们农场采取的疫病控制措施的意愿（Ahuja 和 Sen，2006）。例如，它已被用于评估塔吉克斯坦农民支付布鲁氏菌病疫苗接种费用的意愿（Ahuja 等，2009）。

（6）不同于比较成本和收益，有一项分析通过估计成本比较了口蹄疫疫情暴发控制策略。预期结果是受影响国家能够恢复出口。避免成本增加最有效的策略将是首选。

5.4.4 风险评估的组成部分——经济分析

当贸易伙伴是世贸组织成员时，由于动物健康风险，禁止或限制牲畜、牲畜产品进口的决定必须以正式的风险分析为基础，采用世界动物卫生组织《陆地动物卫生法典》规定的框架（OIE，2013），转载于插文 19。有时定性分析足以提供证据，有时需要量化估计。

动物健康风险受到人类行为的强烈影响，所以在风险分析团队中吸收经济学家和其他社会科学家是有帮助的，因为这把人类行为分析的专业人员引入了风险分析。风险分析框架内部构造应用规范经济分析方法也是有用的。插文 19 提供三种不同方法的示例及其可能应用。

插文 18　利用成本比较评估经济可行性

Junker 等（2009）通过分析口蹄疫疫情暴发而实施贸易禁令对美国、加拿大和荷兰等国经济发生的潜在影响，比较了不同口蹄疫控制策略。在四种不同的控制情景下，比较疫病暴发相关控制项目的成本，这四种情景是：扑杀方案或接种疫苗，区域性控制还是全国性控制（疫情暴发控制仅限于确定的地理区域，而不是影响整个国家）。使用两种不同的宏观经济模型，即 GTAP（一种 CGE 模型）和 Aglink－COSIMO（全球部分均衡模型）进行分析，它发现所使用的控制策略并不影响市场波动程度，但是，在最大程度减少贸易禁令造成的成本影响方面，恢复出口所需时间最小化的控制策略是最有效的。区域性控制项目能有效地限制禁令的机会成本，特别是小区域确定时更明显。

插文 19　在风险分析框架内使用经济分析法

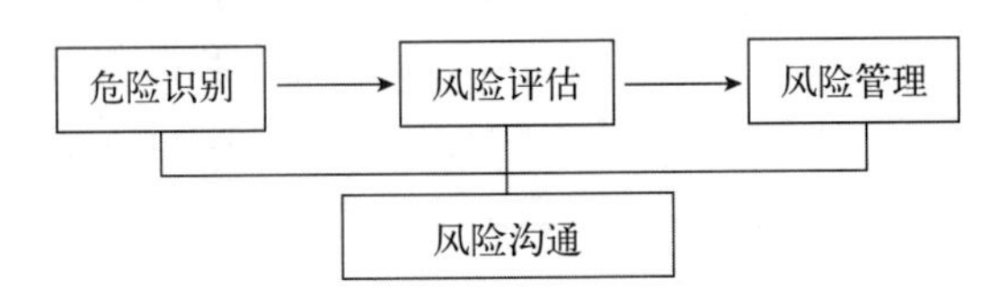

风险分析框架（OIE，2013）

有用的分析手段有：

价值链分析

匹配国内和国际层面上的牲畜市场链和食品系统有助于：

（1）危害识别。它可以帮助我们确定病原体可能进入风险人群的环节。

（2）风险评估有三个部分：传入评定，暴露评估，后果评估和风险估算。沿着风险链条和所涉人员的量化，识别运输网络以及加工步骤等在传入评定和暴露评估中是有用的。量化市场链中每个环节的附加值有助于评估畜牧业疫病传入的经济后果。

（3）分析链条的"管理"（谁控制和影响操作流程）有助于确定如何管理和传达风险。

Humphrey和Napier（2005）提供了动物健康项目下价值链与市场链匹配的准则。FAO已经出版了关于动物疫病风险评估和风险管理价值链分析使用准则（2011b）。

研究支付意愿

这些意愿可以帮助评估农民和消费者分担风险管理成本。例如，几个国家的消费者已经表示愿意为可追溯和标签良好的肉类支付更高的价格（Chevenix - Trench等，2011）。

成本-收益分析

这可以用于评估疫情暴发后果和风险管理选择成本，并把相关风险事实告知利益相关者。一项评估澳大利亚口蹄疫疫情暴发的潜在经济后果显示，出口累积收入损失将在390亿澳元左右（1.68亿～5.04亿美元），大部分损失由牛肉行业承担。国内市场价格将会下滑，导致国内收入减少23亿澳元（11.1亿～16.8亿美元）。此外，疫情控制和补偿成本约304.5亿澳元（1 680万～2.52亿美元）。国内生产总值损失，包括依赖畜牧业企业的直接损失，将达到2 130亿澳元（合11.2亿～72.8亿美元）。报告建议，建立无口蹄疫贸易区可能减少疫情控制成本（生产力委员会，2002）。

5.5 次国家层面分析举例

5.5.1 成本-收益分析

可以针对利益相关者群体进行成本-收益分析，以确定拟议的跨境动物疫病疫情控制政策是否可能会使某个群体或个人受益，评估他们在跨境动物疫病疫情控制投资方面是否具有财务可行性。

插文20描述了一项分析，即评估通过饲料店和兽药商店环节提供古典猪瘟疫苗在财务上对动物卫生工作者是否有利可图，进而明确这一方法是否可能成为成功的解决方案。

插文 20 对经销商的猪瘟疫苗供应进行成本-收益分析

对越南小农猪群古典猪瘟控制的经济可行性进行了研究。在动物卫生工作者经营的饲料店和兽药商店中销售疫苗，使疫情得到控制。作为研究的一部分，对通过经销商提供古典猪瘟疫苗的经济可行性也进行了几次评估，下表给出了一个评估的具体情况。NPV 正值表明，这在财务上是可行的（McLeod 等，2003）。

年	1	2	3	4	5	总计
成本计算（越南盾）						
投入						
冰箱	4 000					
备用冷藏盒	1 000					
日常性费用						
电费	669	730	730	730	730	
可变成本						
疫苗	7 066	14 132	14 132	14 132	14 132	
冰袋	298	595	595	595	595	
总成本费用	12 735	14 862	14 862	14 862	14 862	
收益计算（越南盾）						
接种费						
疫苗销售费用	7 440	14 880	14 880	14 880	14 880	
接种服务费	3 125	6 250	6 250	6 250	6 250	
总收益	10 565	21 130	21 130	21 130	21 130	
收益-成本	−2 170	6 268	6 268	6 268	6 268	
累计现金流	−2 170	4 097	10 365	16 633	22 900	
未贴现收益-成本						22 900
净现值折现率 15%						13 673

插文 21 显示了对利益相关方进行分析的三个例子。例一，玻利维亚两个不同区域的方法比较；例二，对不同类型生产者的分别评估；例三，比较了对生产者和消费者的效果。

5.5.2 成本-效益分析

如前所述，CEA 是人畜共患疫病控制经济分析中的有用方法。次国家层面的一个案例分析就是插文 22 中描述的恩贾梅纳（N'Djamena）狂犬病控制。在这个案例中，对狗采取控制办法，所有人群的经济利益得以观察。

5.5.3 部分预算分析

部分预算分析用于小规模和短期控制项目的比较，分析其中因干预导致农场或单一企业的利润变化。本方法用来分析农民在自有农场使用预防性接种疫苗或生物安全等疫病预防控制措施是否值得。

插文 21 跨境动物疫病控制对不同利益方的影响

玻利维亚口蹄疫控制

研究比较了口蹄疫在玻利维亚两个地区的影响，发现疫病的流行病学各不相同。其中一个地区大部分区域未受影响，在另一地区疫病则处于流行状态。但是，由于农民在疫情发生后的很长时间里才能看到经济影响，所以使用疫苗进行预防的动机很小。报告提出，政府的工作重点应该放在流行地区，目标是实现高疫苗接种覆盖率，从而有可能产生积极影响（Rushton，2008）。

泰国口蹄疫控制

Perry 等（1999）模拟了潜在影响，根据生产力效应和疫苗接种覆盖率的差异，对乳品、大型养猪场、村庄猪、村庄牛和水牛进行了单独评估。他们预测，商业猪业可以获得高达 60%的收益。

荷兰古典猪瘟控制

根据 1997—1998 年暴发的信息，使用计算机模拟来估计生产者和消费者的控制古典猪瘟疫情的成本。如果不适用出口限制，消费者盈余将下降 5.52 亿欧元。如果禁止生猪出口，所有猪生产者都会受损，但对消费者的影响也会很小（Mangen 和 Burrel，2003）。

插文 22　恩贾梅纳（乍得首都）狂犬病控制的成本效益

在非洲和亚洲，每年有 24 000～70 000 人死于狂犬病。在狂犬病流行国家的城市地区，如果有散放的犬只，就可能会是人类感染狂犬病的主要来源。为犬只接种狂犬病疫苗可以大大降低人类感染狂犬病的概率。曾有一个项目计划为乍得首都恩贾梅纳的犬只接种狂犬病疫苗，一项研究考察了该项目在经济上的可行性。如果该城市的所有犬只都接种了狂犬病疫苗，则平均每只的接种成本是 2.45 美元，包括疫苗接种费用和狗的主人为了给家犬接种疫苗而损失的工作时间。为 23 600 只狗接种疫苗的总成本高达 57 717 美元/年。根据历年报道的狂犬病死亡人数，为犬只接种疫苗后每年将避免 69 例狂犬病感染病例，每避免一个感染病例的平均成本是 837 美元。假设狂犬病感染者中有 16%的人会患上并死于狂犬病，则疫苗接种计划的成本效益是每避免 11 个狂犬病死亡病例花费 57 717 美元（即每避免 1 个死亡病例花费 5 227 美元）。鉴于非洲的狂犬病漏报率为10%～100%，每避免一个死亡病例对应的疫苗接种的成本可能低至 52～523 美元（Zinsstag 等，2007）。

注：该论文中似乎存在一处错误。论文作者用 57 717 美元的总成本来估计每避免一个狂犬病感染病例的平均成本，用 57 774 美元的总成本来计算每避免一个狂犬病死亡病例的平均成本，然后估计得出每避免一个狂犬病死亡病例的平均成本是 5 252 美元。但是，这个微小的错误并不能改变论文的结论。

已出版的文献中有许多关于部分预算分析的描述。农业推广和农场管理读物，如美国农业部（未注明日期）和 Tigner（2006），提出了简单实用的办法。

建立部分预算有两种方式：一种方式是比较收益（新增收入与节省的成本）与成本（新增成本和之前的收入）；另一种方式将畜牧企业毛利的变化值与干预的成本做对比（毛利等于产值减可变成本，用于衡量企业的利润），结果与第一种方式相同。

Gari 等（2011）利用部分预算分析评估埃塞俄比亚奥罗莫地区接种牛结节疹（LSD）疫苗在经济上的可行性，发现为当地瘤牛接种疫苗的净利润是 1 美元/头，为外来牛种和杂交牛种接种疫苗的净利润是 19 美元/头。Young 等（2012）利用部分预算分析评估为柬埔寨小农牛群接种口蹄疫疫苗在经济上的可行性，估算得出每头牛接种疫苗的净利润是 31 美元。插文 23 是越南 CSF 疫苗接种的部分预算，以毛利为基础。

插文 23　越南小农猪群接种猪瘟疫苗的部分预算分析

对越南小农猪群古典猪瘟控制的经济可行性进行研究。这种疫病的发病率低，为1%～3%。通过在动物卫生工作者经营的饲料店和兽药店中推广疫苗，可以实现对这种疫病的控制。接种疫苗的费用由农民承担。该研究包括对三种不同类型的小农养猪企业进行的部分预算分析，其中一个分析如下所示。根据分析，为剩余的猪接种疫苗从经济上来看是划算的，因为毛利的预计增量高于接种疫苗的成本（McLeod 等，2003）。

每头出栏猪的价值 （出栏猪 95 千克，越南盾）	干预 （0%发病率）	基线 （3.0%发病率）	干预-基线
售出猪的价值	985.5	979.5	
饲料成本	710.5	708.1	
已购入的猪	247.2	247.2	
治疗成本	0	0.3	
每头猪的毛利	27.84	23.86	3.98
为一头猪接种疫苗的成本			1.2
接种疫苗的净利润			2.78

5.5.4　其他方法

5.4 节讨论了以下方法在全国范围分析中的使用，但从特定利益相关者的角度来看，这些方式还可以用于分析对跨境动物疫病的控制干预。

（1）最优模型很适合针对农场层面的分析或有限地理区域内的分析。小林等（2007）利用一个动态最优模型，分析控制口蹄疫暴发所造成的经济影响（该次口蹄疫暴发影响了美国加利福尼亚州的部分地区）。最初，他们使用该模型的目的是将发病率降到最低，之后的目的则是将预防性的扑杀数量降到最低。

（2）决策树是一种工具，用于指导一系列选择过程，最终做出决策。农民、交易者、乳品加工厂厂主或屠宰场场主可以利用决策树分析对牲畜卫生投资的决策。小野（2014）在分析肯尼亚牛肺疫控制时，描述了一个使用跨境动物疫病控制的例子。决策树分析法被用于分析畜群接种疫苗的净利润（与该畜群不接种疫苗时相比）。

（3）基于利益相关者关于牲畜卫生控制所做的选择，选择模型可以用于指导跨境动物疫病控制计划。Chilonda 和 Van Huylenbroeck（2001）描述了经济计量分析用于分析牲畜养殖者关于牲畜卫生服务或措施所做的选择。计量经济学是回归分析法（统计分析的一种形式）在经济数据中的应用，目的是测试原因和影响之间联系的强度。广义上来说，计量经济学试图形成一个数学方程式，这个方程式尽可能接近地描述一个或多个原因（“解释变量”）与一种影响（称为“因变量”）之间的关系。

除此之外，这个方程式还提供一些信息：分析的数据集与方程式的“匹配”程度。Gujarati（2004）全面地描述了经济计量分析。适合只有两个可能值的解释变量的回归方法有概率单元分析法、对数分析法和 Tobit 分析法，这些方法都曾用于分析非洲国家农民关于牲畜卫生保健的决策（Tambi 等，1999b；Chilonda，1999；Mutambara 等，2013）。

6. 遵守跨境动物疫病防控条例的动机

农民、交易者、消费者及其他人可能选择遵守或不遵守跨境动物疫病控制措施。他们对所面临的风险的认知以及遵守跨境动物疫病控制措施的难度和成本都会影响他们的决策。

在评估跨境动物疫病控制政策或计划的可行性时，应当考虑这些因素。关于牲畜卫生项目执行的假设过于乐观可能导致利润估值过高、对于利润实现的时间过于乐观、低估经常性费用（对项目可行性和未来政府预算都有影响）或无法接受控制计划暂时崩溃的可能性。如果一个控制计划失败，需要重新设计，那么可能也需要审视动机因素。

6.1 风险认知

跨境动物疫病的经济影响是一个综合产物，不仅要考虑该疫病影响动物的可能性（风险），还要考虑如果该疫病确实影响这些动物时，将会产生的损失。人们根据自己对风险的认知调整其行为（调整后的行为可能与原本的行为相同或不同），这反过来又影响着实际的风险和成本。

当要求农民排列疫病的先后顺序时，他们的答案可能会各不相同，这取决于他们最近见到这些疫病的顺序，以及他们是否曾经因某种疫病而损失惨重。近期受到某种疫病打击或曾经因某种疫病损失惨重都易于使该种疫病在优先顺序中提升排名，进而增强农民采取积极行动预防该疫病的可能性，但是如果该农民的牲畜曾患有某种疫病但并未造成重大个人损失，则该疫病的排名可能会下降。

（1）根据自身的经验或邻居的建议，农民可能会选择忽视有利于治疗的疫苗。Amanfu（2006）曾评论：即使很多国家的政府政策明文禁止使用抗生素，并且有有效的疫苗可供使用，但仍有很多非洲农民使用抗生素治疗牛肺疫，而且很多动物卫生从业者也在处方中开出抗生素。

（2）惧怕遭受损失可能促使农民出售他们怀疑曾感染病原的牲畜，进而使疫病传播速度更快并产生外部效应，这正是跨境动物疫病的一个特征。即使有可能传播疫病，交易者仍可能会选择购买这些感染病原的牲畜，因为这种牲畜的价格极低。与此相关的一个影响是，很多国家的农民不愿上报跨境动物疫病，因此发病率的估值通常并不可靠。

（3）一些牲畜养殖者会给牲畜投保，以便降低疫病暴发带来的损失。通常只有动物个体价值很高或行业倡导保险计划时农民才会为牲畜投保。保险计划通常要求投保的农民更多地使用抗生素。20 世纪 90 年代，智利的养猪行业建立了一个针对猪瘟的私人保险计划，预防猪瘟时使用不同水平的抗生素对应不同水平的保险金（Pinto，2000）。

（4）消费者也有可能很重视难以从经济方面进行估量的社会成本，如人的死亡、社会地位的变化、对日常生活的破坏。这些社会成本都会增加与跨境动物疫病相关的“恐慌因子”，这也是跨境动物疫病引人担忧的原因。插文 24 所举的 H5N1 高致病性禽流感的例子也证明了这一点。

政府、公务员和兽医的表现也受认知的影响，尽管这些认知是经科学分析证实的。这些科学分析中包含了与疫病传染病学有关的假设和建模，这些假设和建模的准确性尚未可知。

众所周知，政府、消费者、生产者和兽医对风险有不同的看法，同样，大规模农场和小规模农场的场主对风险的看法也不尽相同。插文 24 所举的例子说明了风险认知影响跨境动物疫病控制的情况。

插文 24　风险认知及经济影响

肯尼亚北部的牛瘟：疫病影响与盗贼的比对

1995 年，牛瘟的发病率不断下降，但在肯尼亚北部小部分地区仍时有发生。就在此时，肯尼亚政府开始免费提供牛瘟疫苗，然而疫苗的接种率很低。兽医担忧肉源受到污染、牛群没有得到保护。对家畜饲养者的一项调查表明，饲养者并不是每年都遭遇牛瘟——一年中，牛瘟感染事件发生的概率大概是 25%。当感染事件确实发生时，牛瘟并不总是导致牛死亡。在政府提供免费疫苗时，政府制定了免费疫苗的预算，巧合的是，当时牛群正在远离疫苗接种点的地方吃草。为了接种疫苗，需要将牛群运送到接种点，途中需经过一个以牛只盗窃闻名的区域，盗匪有武器武装。在这个过程中，饲养者有 80% 的可能性会失去所有牛。在这种情况下，做出不接种疫苗的决定从经济角度来看是理性的（Ngotho 等，1999）。

柬埔寨农村地区的口蹄疫：经济分析和农民选择之间的分歧

2010 年口蹄疫暴发后，柬埔寨南部地区的四个村庄开展了一项针对口蹄疫经济影响的部分预算分析。这个地区的牛有多种用途，包括提供畜力。分析表明，每头牲畜接种疫苗的年效益是 31.8 美元，但是研究开展之时，接种率却很低（Young 等，2012）。作者认为，农民可能不了解疫苗接种的价值或是疫病发生时的完全成本，或是可支配收入不足以负担接种费用。作者提出了多种方式来增强农民意识的方法。

消费者和高致病性禽流感：恐惧对市场造成冲击

2004 年高致病性禽流感在全球家禽间传播，媒体也报道了人类死于该疫病的病例。部分消费者对此反应激烈，尽管他们感染该疫病的风险很小。举例来说，尽管意大利并没有暴发高致病性禽流感，但意大利的禽肉需求却急剧下降，并且进口肉制品携带疫病的风险最低。东亚小规模家禽交易者面临的风险更高，因为他们经常直接接触活禽，而这些活禽有可能已经感染疫病，但习性却几乎没有变化。在第一波疫病暴发时，泰国与越南的消费者大幅降低了对禽类的消费量，但消费量之后恢复并且在后来疫病再次暴发时，需求量降低幅度并不大。消费者对风险的认知受媒体、卫生服务机构和兽医机构不定时的报道影响（McLeod，2009）。

塔吉克斯坦布鲁氏菌病的疫苗接种：鼓励农民分担成本

在策划塔吉克斯坦羊种布鲁氏菌疫苗接种试点运动时，需要农民分担成本，于是开展了一项调查，用于评估农民可以接受的成本（Ahuja 等，2009）。一项宣传交流活动就此展开，目的是让农民注意到这一问题。大多数村庄的疫苗接种率都很高，总体接种率为 80%以上。

口蹄疫在英国：过度依赖模型造成的错误判断

2001 年，英国暴发口蹄疫。在此期间，为了控制疫病传播，对病弱牲畜进行了扑杀，而两种不同的视角影响了扑杀的方式。其中一种是政府官方政策的视角，这种视角受数学模型的影响。这些数学模型是为政府的首席科学顾问小组建立的。根据模型得出的结果，政府采纳了“临近扑杀”的政策。这就意味着所有在受感染农场周围一定距离内的农场的动物都要被扑杀。在坎布亚郡北部一个地区，由于资源限制，无法展开自动临近扑杀。在这一地区，口蹄疫控制小组根据兽医的判断以及他们对当地情况的了解来评估哪些农场有可能已经被病毒感染。在兽医决定实施扑杀的地方，需要实施扑杀的农场和动物数量比实施临近扑杀的地方要少，但是口蹄疫的暴发却迅速被遏制，速度与实施临近扑杀的地方相差无几。后续分析表明，模型中使用的部分数据有误，很多动物没有必要被扑杀（Kitching 等，2006；Honhold 等，2004）。

6.2 经济分析

第 5.5 节所讨论的评估类型有助于识别农民不积极遵守跨境动物疫病控制条例的情况。

Nin Pratt 等（2005）对裂谷热暴发期间的一项禁令的经济影响做了报告，该禁令禁止从埃塞俄比亚向海湾各州出口活体动物。Nin Pratt 等注意到，即使是在出口禁令实施期间，仍有一些动物被出口到海湾各州。有些人选择无视条例，这丝毫不令人感觉惊讶，因为牧民和牲畜交易者会因该条例损失惨重。

插文 21 中描述了一个针对玻利维亚两地口蹄疫控制的研究。该研究发现，在其中一个地区，口蹄疫的发病率很低，以至于农民不太有为牲畜接种疫苗的动力。一项有关泰国口蹄疫的分析（Perry 等，1999）发现，商品猪生产者获取的疫苗接种的收益高达 60%，分析推测商品猪生产者更有动力参与政府的疫苗控制计划并遵守动物运输条例。然而占大多数的是小规模的猪、牛、水牛饲养者。他们只能获得该国疫苗接种收益的 40%，如果不能以非官方的方式向泰国出口水牛和牛，一些人将会失去收入。另一项对津巴布韦的口蹄疫控制进行的评估也发现，口蹄疫会对商业饲养者和传统饲养者产生非常不同的影响。商业饲养者会获得大多数利益，而传统饲养者受到的影响却很小（Perry 等，2003）

在设计跨境动物疫病控制政策时，考虑不遵守规则的理论基础也是很有帮助的。插文 25 描述了补偿方案设计背后的一些最近的想法。

插文 25　委托代理关系及补偿方案设计

当补偿政策作为跨境动物疫病控制战略的一部分存在时，补偿政策可以视为农民与政府之间的一个契约。农民应做出合理尝试来阻止疫病的发生并在疫病发生时上报政府。相应地，政府也应做出努力来防止疫病的传入，并且在扑杀患病动物时应做出补偿。在经济理论中，这就是委托代理关系这一术语的一个例子。在委托代理关系中，一个人（代理人，此处即农民）代表另一个人（当事人，此处即政府）行事。如果巧妙地设计这两者之间的契约，则代理人将会有动机以当事人希望的方式行事。在跨境动物疫病控制这一案例中，当事人与代理人之间信息不对等，因为农民比政府更了解畜群中的疫病。因此延迟上报疫病情况也就符合农民的利益。在某些情况下，畜群遭到扑杀的农民的收益反而可能会比那些因移动受限而遭受损失的健康畜群的收益更高。这种情况增加了道德风险存在的可能性，在这种情况下，代理人缺少规避风险的激励因素，因为代理人受到了保护，因而免于承担后果。在设计一项补偿计划时应将道德风险最小化。为了实现这个目的，可以支付低于市场价的补偿，这样农民就要承担延迟上报疫病的部分风险，或者也可以只补偿被扑杀的动物，不补偿死于疫病的动物。然而，一些政治上的考量可能会妨碍这些解决措施（Wolf，2013；Alleweldt，2013）。

7. 经济分析设计

本章为动物健康策划员开展经济分析研究提供了一些指导建议。本章大多数内容都是常识，但是很多研究的职责范围并没有明确地反映出对研究的要求，或者期待得出一个以当时的时间和可用资源很难达到的目标。

7.1 描述任务

7.1.1 提早开始

很多针对动物健康影响的经济研究都是进行一些事后的分析，并且设计这些研究的人对可能性的理解也很有限。经济分析可能更加恰当有益，前提是在动物健康计划开始之初就预先规划经济分析，将经济分析作为计划的一部分并制定预算，然后让经济学家参与到设计计划细节的过程中。

7.1.2 设计问题

一份能够提供大量信息的经济分析最关键的是仔细确定该分析必须回答的问题。一个明显很简单的问题“这种疫病造成了多大的损失?”包含了很多的可能性，而这些可能性必须在设计一项研究并评估执行该研究所需的资源之前加以澄清。以下是一个设计问题的清单：

（1）为什么要提出一个问题？这个问题指出了所需的分析类型和研究的重点所在。比如，该分析是否应该估计一种疫病对经济造成的总损失，或是对特定利益相关者的影响，或是强调可以减少的损失因素，或是可能影响一个控制计划实施的因素？

（2）研究的范围是什么？是否需要对全球、国内或是当地的情况进行估计？研究应检查所有生产系统还是部分生产系统？是否应该对男性和女性或者小规模和大规模生产者所受的影响加以区分？是否应该包括整个食品系统所受的影响？研究是否需要考察除畜牧业之外其他部门的连锁反应？

（3）估计所需的准确性和精确度有多高？需要多长时间之内得到答案？可以获得估计所需的全部数据的情况实属罕见，但是原始数据的收集非常昂贵且费时较多。通过查找文献或采访专家，有可能得到部分必需参数的合理估值。建立一个新的计算机模型或改写一个已有的计算机模型可能是有必要的。

7.1.3 明确工作

需要回答的问题以及可用的数据资源都将会影响工作的范围。可能需要：文献案头审查；利用已经可用的资料进行案头建模练习；关键知情人采访；收集新数据的实地调查。

想要达到比保守预期更好的结果，我们至少要得到以下信息：高危家畜数量及其生产力；可能受到影响的畜牧业主的数量和他们对家畜的依赖程度；疫病发生率及其对生产参数的影响；现有贸易管制；已投入使用的疫病预防措施；现有疫情控制措施；所有适用的价格和成本。同时也需要关于贸易模式、价值链、消费习惯，以及像旅游业等和畜牧业相互作用的行业方面的信息。

数据和信息的缺乏往往会限制跨境动物疫病经济分析的范围、准确度和精密度。经济分析需要广泛的数据，且经常使用二级数据，因为没有充足的时间和资源来收集原始数据。此问题在 7.2 节中进行讨论。

最终报告中所涵盖的内容应在开始时就已明确。经济分析应当是透明的，这意味着应出具详细的列有假设猜想和关键输入变量的附件。

7.1.4 反馈计划

同利益相关方对有关预期结果进行现状核实是十分重要的。这可能会需要一次或多次会谈，包括实地考察会谈。本文作者及其同事在越南的一次研究中发现，猪的种群数量可作为成本效益分析的一个基础。猪的种群数量模型图表已提供给养猪户和猪肉交易商，来确定其生产力模式和销售模式是真实存在的。当与现实有出入时，我们就会调整变量，重新计算模型，直到结果与现实相符。

7.2 数据需求和数据不足

疫病控制项目的经济分析需要视具体情况而定。那些必要的数据不太容易得到，即使可以得到，也需要再三证实。这就需要进行大量的实地考察、专家咨询以及挖掘政府数据。投入过多是已发布的经济分析数量较少的原因之一。Senturk 和 Yalcin（2005）使用了德尔菲法，一种寻求专家意见的形式化方法，来从兽医那里了解口蹄疫对生产力的影响。他们认为这种方法卓有成效，但是如果专家样本中含有农民，将会进一步完善。数据收集是昂贵的，且没有一家公共机构会及时更新家畜数量和分布情况，因为很少有人会用到这些信息。所以当出现一个陌生的问题时，我们并没有相关信息来做出合理判断。关于未来疫病影响的预估很大程度上依赖于对于病情出现的时间、地点以及传播范围的预测。

不幸的是，关于家畜疫病的预测却十分稀缺。部分原因是全球牲畜和疫病数据库都不完整，以及人类难以预测的行为对牲畜疫病传播有很大影响。

大部分疫病模型的预测价值都很低，甚至对已知疫病的预测价值也差强人意。这些模型需要维护良好的牲畜种群数量数据和畜牧贸易数据。2001 年，伦敦口蹄疫的暴发让大部分人大吃一惊，因为大家都认为英国不是欧盟国家中最危险的入口点。最初疫情迅速传播的部分原因是因为有关牲畜市场链的信息都较为分散，没有共同的机构信息或数据库可以利用。

当高致病性禽流感 2004 年在亚洲开始传播时，有关小规模家禽饲养系统的数据库几乎不存在。大规模的商业生产是有据可循的，但是小规模家禽饲养的生产和营销系统几乎是没有记录在案的。一直到 2009 年，才有足够的显性和隐性信息来开展合理的经济评估。那些在非洲和中东被广为应用的小反刍兽疫（PPR）成本预测也可能会遇到同样的问题。

经济分析可能需要以下类型的数据和信息，二级数据之间有差距也是正常的。

7.2.1 牲畜种群规模和结构

针对某一疫病的任一经济预测都会需要可能会得该病的牲畜种群规模信息以及动物的价值。

从作者的个人经验来看，这类信息缺失或者质量不佳出现在大部分发展中国家。这些国家每十年或者十几年才会进行一次普查，其他收集数据的尝试也是不完整的、破碎的。很多数据库内关于同一种次级种群数量的信息矛盾是常见的事，校正也是件难事。有人尝试着去完善现有数据库，比如利用地理信息系统来填补数据点之间的空白（FAO，2007），在例行农场主调查中加入更多问题（非洲畜牧业数据创新，2012），但是提高数据质量和可靠度还需要做很多工作。

发达国家的牲畜种群数量数据也会有偏差，例如，一定规模以下的牧群和畜群不需要登记在案，以及存在动物非法交易，但是这些问题比起发展中国家的问题时，就没那么严重了。

7.2.2 疫病发病率及其对生产参数的影响

跨境动物疫病发病率的数据保存在世界动物卫生组织的全球动物卫生信息查询系统、全球动物卫生信息填报系统、FAO 的全球动物卫生信息系统（EMPRES-i）和一些地区系统中。世界卫生网会发布疑似的疫情暴发信息。因为跨境动物疫病要上报给世界动物卫生组织，而且已经暴发过几次疫情，所以其数据比非跨境动物疫病的数据要更易得一些。但是由于疫病上报和监管的限制，许多国家的跨境动物疫病数据依然不完整、不可靠。与暴发过疫情且需要在国际市场维护良好信誉的国家相关的信息是可获得的最佳信息。

在大部分发展中国家，发病率信息通常十分稀缺，而且在跨境动物疫病流行的地区难以查证。很少有激励措施去鼓励畜牧业主上报疫情，而官方信息系统也只收集了很小一部分的牲畜疫病信息（McLeod 等，2010）。

一些跨境动物疫病十分成熟，所以生产系统也有各种有关其对死亡率和生产力影响的记录。至于大家可能不了解的新兴跨境动物疫病，即使是在发病地区也鲜有记录。甚至当地已经记录了发病率和病情影响，相同症状的疫病还是可能被混淆。

大部分疫病经济预测都需要繁殖率和死亡率，在售动物的年龄和体重，以及出栏率等基本的生产参数信息。对于大规模的商业生产，我们可以从畜群记录系统和发布的产业数据中获得此类数据；但是对于小规模和非商业化畜群，经济学家可获得的报告数量有限且质量良莠不齐，他们有可能还要自己收集原始数据。

7.2.3 畜牧生产贸易的盈利能力

小规模和牧区系统的市场链盈利数据往往是相当缺乏的。虽然有关小规模乳制品行业的报告是最多的，但是也相对较少。

7.2.4 畜牧产品的消费

如果一种跨境动物疫病对一种家畜食品的价格和供应产生了影响，其也会影响到消费者：家畜食品价格上涨，产生消极作用；家畜食品价格下跌，产生积极作用。为了估算其影响，我们必须获得消费模式和畜牧产品价格弹性的信息。价格弹性信息较易获得，但是消费模式信息十分紧缺，特别是受影响最大的贫穷家庭的消费模式。

7.2.5 畜牧业与其他经济领域之间的量化关系

就像之前讨论过的战略一致性模型（SAM）、可计算的一般均衡模型（CGE）、经济剩余模型和像经济与合作发展组织的 COSIMO 模型一样的贸易模型，都是用于预测畜牧业发展是如何影响宏观经济的，包括跨境动物疫病的出现与管控。并不是所有的国家都有这类模型，也不一定有较好的畜牧业数据来导入到模型中。在许多情况下，生成必要的畜牧业输入数据需要额外的模型运作。

数据短缺并没有阻止经济学家去分析跨境动物疫病及其管控项目所造成的影响，但是他们毋庸置疑地影响了结果的质量和预测的成本。

参 考 文 献

Abelson, P. 2008. *Establishing a monetary value for lives saved: issues and controversies*. Working papers in cost - benefit analysis 2008 - 02. Paper prepared for the conference "Delivering better - quality proposals through better cost - benefit analysis", Office of Best Practice and Regulation. Department of finance and Deregulation, Government of Australia.

Agra - CEAS. 2007. *Prevention and control of animal diseases worldwide. Economic analysis - Prevention versus outbreak costs*. Final Report Part Ⅰ. Prepared for the World Organisation of Animal Health (OIE) .

Ahuja. V. & Sen, A. 2006. *Willingness to Pay for Veterinary Services: Evidence from Poor Areasin Rural India*. PPLPI Research Report RR Nr. 06 - 03. Rome, FAO.

Ahuja, V., Rajabova, R., Ward, D. & McLeod, A. 2009. *Willingness to pay for disease prevention: Case of brucellosis control in Khatlon Oblast of Tajikistan*. Report of the European Commission project, "Enhancing individual incomes and improving living standards in Khatlon, Tajikistan", Reference: EuropAid/125 - 743/L/ACT/TJ.

Aklilu, Y. &Catley, A. 2009. *Livestock exports from the Horn of Africa: An Analysis of Benefits by Pastoralist Wealth Group and Policy Implications*. Report commissioned by FAO under the Livestock Policy Initiative of the Intergovernmental Authority on Development (IGAD) .

Alleweldt, F. 2013. *Cost-sharing in compensation schemes for livestock epidemics*. International workshop: "Livestock Disease Policies: Building Bridges Between Science And Economies", held in OECD, Paris, France. 3 - 4 June 2013.

Amanfu, W. 2006. *The use of antibiotics for CBPP control: the challenges*. In FAO - OIE/AU/IBAR 2006: "CBPP control: antibiotics to the rescue?" Report on a Consultative Group meeting on CBPP in Africa. Rome: FAO.

The Beef Site Foot and Mouth Disease News. 2011. S. Korea says foot- and -mouth costs near $2. 7 bln (available at http: //www. thebeefsite. com/footandmouth/34030/s - korea - says - fmd - costs - near - 27 - bln/) . Accessed 20 May 2013.

Awa, D. N., Njoya, A. & Ngo Tama, A. C. 2000. Economics of Prophylaxis against Peste des Petits Ruminants and Gastrointestinal Helminthosis in Small Ruminants in North Cameroon. *Tropical Animal Health and Production*, 32: 391 - 403.

Ayele, G & Rich, K. 2010. *Poultry value chains and HPAI in Ethiopia*. Africa/Indonesia Team Working paper25. DFID/FAO/IFPRI, ILRI/RVC Pro - poor HPAI Risk Reduction

Project.

Barasa, M., Catley, A., Machuchu, D., Laqua, H., Puot, E., Tap Kot, D. & Ikiror, D. 2008. Foot- and -Mouth Disease Vaccination in South Sudan: Benefit - Cost Analysis and Livelihoods Impact. *Transboundary and Emerging Diseases*, 55: 339 - 351.

Bennett, R. M. 1998. Farm animal welfare and food policy. *Food Policy*, 22 (4): 281 -288.

Bio - Era. 2005. *Economic risks associated with an influenza pandemic*. Prepared testimony of James Newcomb, Managing Director for Research, Bio Economic Research Associates, before the United States Senate Committee on Foreign Relations, 9 November 2005.

Blake, A., Sinclair M. T. & Sugiyarto, G. 2003. Quantifying the impact of foot and mouth disease on tourism and the UK economy. *Tourism Economics*, 9 (4): 449 - 465.

Blood, D. C. & Radostits, O. M. 1960. *Veterinary Medicine: A textbook of the diseases of cattle, horses, sheep, pigs and goats*, 7th Edn. London, Ballière Tindall.

Bonnet, P., Lancelot, R., Seegers, H. & Martine, D. 2011. *Contribution of veterinary activities to global food security for food derived from terrestrial and aquatic animals*. Paper presented at the 79th General Session of the OIE, Paris, 22 - 27, May 2011.

Buetre, B., Wicks, S., Kruger, H., Millist, N., Yainshet, A., Garner, G., Duncan, A., Abdalla, A., Trestrail, C., Hatt, M., Thomson, L. J. & Symes, M. 2013. *Potential socio - economic impacts of an outbreak of foot- and -mouth disease in Australia*. Canberra: Australian Bureau of Agricultural and Resource Economics and Sciences. Research report 13. 11.

Carpenter, T. E., O' Brien, J. M., Hagerman, A. D. & McCarl, B. A. 2011. Epidemic and economic impacts of delayed detection of foot- and -mouth disease: a case study of a simulated outbreak in California. *J Vet Diagn Invest.*, 23: 1, 26 - 33.

Chevenix - Trench, P., Narrod, C., Roy, D. & Tiongco, M. 2011. *Responding to health risks along the value chain*. Paper presented at 2020 Conference: "Leveraging Agriculture for Improving Nutrition and Health", 10 - 12 February 2011; New Delhi, India.

Chilonda, P. 1999. *Health management and uptake of veterinary services by small scale cattle farmers in Eastern Province of Zambia*. Belgium, University of Ghent. (PhD thesis).

Chilonda, P. & Van Huylenbroeck, G. 2001. A conceptual framework for the economic analysis of factors influencing decision-making of small-scale famers in animal health management. *Rev. Sci. Tech. Off. Int. Epiz.*, 20 (3): 687 - 700.

Cocks, P., Abila, R., Bouchot A., Benigno, C., Morzaria, S., Inthavong, P., Van Long, N., Bourgeois - Luthi, N., Scoizet, A. & Sieng, S. 2009. *Study on Cross - border movement and market chains of large ruminants and pigs in the Greater Mekong Sub - region*. FAO, ADB & OIE SEAFMD.

Committee on World Food Security. 2005. Thirty - first Session, Rome, 23 - 26 May 2005, Assessment of the World Food Security Situation, CFS: 2005/2 http: //www. fao. org/

docrep/ meeting/009/j4968e/j4968e00. htm#P18 _ 435

DFID. 1999. *Sustainable livelihoods guidance sheets*. London/Glasgow.

Ellis, P. R. & Putt, S. N. 1981. *The epidemiological and economic implications of a foot-and- mouth disease vaccination programme in Kenya*. Consultancy report.

Ellis, P. 1972. *An economic evaluation of the swine fever eradication programme in Great Britain using cost -benefit analysis techniques*. Study N°11, 1972. University of Reading, Department of Agriculture.

ERS/USDA (Economic Research Service/United States Department of Agriculture) . 2006. An Economic Chronology of Bovine Spongiform Encephalopathy in North America/LDP - M - 143 - 01 (available at http: //usda01. library. cornell. edu/usda/ers/LDP - M/2000s/2006/ LDP - M - 06 - 09 - 2006 _ Special _ Report. pdf) .

FAO. 1995. *Foot and Mouth Control in Bolivia*. Report of Project Preparation Mission. FAO TCP/ BOL/4452. Rome, 98 pp.

FAO. 1997. *Prevention and control of transboundary animal diseases*. Report of the FAO expert consultation of the Emergency Prevention System (EMPRES) for transboundary animal and plant pests and diseases (livestock diseases programme) including the blueprint for globalrin - derpest eradication. FAO Animal Production and Health Paper 133. ISBN 2054 - 6019. Rome, 121 pp. (available at http: //www. fao. org/docrep/004/w3737e/W3737E00. htm#TOC) .

FAO. 2006. *Food Security Policy Brief*. June 2006 Issue 2. (available at ftp: // ftp. fao. org/es/ESA/ policy briefs/pb _ 02. pdf) . Accessed January 2010.

FAO. 2008. *Biosecurity for Highly Pathogenic Avian Influenza*. FAO Animal Production and Health Paper 165. Rome.

FAO. 2009. *State of Food Insecurity in the World* 2009. Rome.

FAO. 2010a. *Brucella melitensis in Eurasia and the Middle East*. FAO Animal Production and Health Proceedings No 10. Rome (available at http: //www. fao. org/docrep/012/ i1402e/ i1402e00. pdf) .

FAO. 2010b. *State of Food Insecurity in the World* 2010: *Addressing food insecurity in protracted crises*. Rome. (available at http: //www. fao. org/docrep/013/i1683e/i1683e. pdf) .

FAO. 2010c. *Animal disease intelligence*. Emergency Centre for Transboundary Animal Diseases. Rome (available at http: //www. fao. org/docrep/012/ak729e/ak729e00. pdf) .

FAO. 2011a. *World livestock* 2011: *livestock in food security*. Rome.

FAO. 2011b. *A value chain approach to animal diseases risk management - Technical foundations and practical framework for field application*. Animal Production and Health Guidelines. No. 4. Rome.

FAO. 2012. *An assessment of the socio -economic impacts of global rinderpest eradication* -

methodological issues and applications of rinderpest control programmes in Chad and India. FAO Animal Production and Health Working Paper No 12. Rome.

FAO/OIE. 2012. *The global foot and mouth disease control strategy: strengthening animal health systems through improved control of major diseases* (available at http: //www. fao. org/ docrep/015/an390e/an390e. pdf).

GAO (United States General Accounting Office). 2002. *Foot and mouth disease: To Protect U. S. Livestock, USDA Must Remain Vigilant and Resolve Outstanding Issues*. Report to the Honorable Tom Daschle, U. S. Senate, July 2002 (available at http: //www. gao. gov/new. items/d02808. pdf).

Gari, G., Bonnet, P., Roger, F. & Waret-Szkuta, A. 2011. Epidemiological aspects and financial impact of lumpy skin disease in Ethiopia. *Preventive Veterinary Medicine*, 102: 4, 274-283.

Gittinger, J. P. 1982. *Economic analysis of agricultural projects*. 2nd edn. Washington, IBRD/World Bank.

GOK (Government of Kenya). 2008. *Emergency project for the control of peste des petits ruminants (PPR) in Kenya: Situation analysis and concept note*.

Gujarati, D. N. 2004. *Basic Econometrics*, 4th Edn. McGraw Hill.

Hanley, N., MacMillan, D. C., Wright, R. E., Bullock, C., Simpson, I., Parsisson, D. & Crabtree, B. 1998. Contingent valuation versus choice experiments: Estimating the benefits of environmentally sensitive areas in Scotland. *Journal of Agricultural Economics*, 49 (1): 1-15.

Häsler, B., Howe, K. S., Hauser, R. & Stärk, K. D. C. 2011. A qualitative approach to measure the effectiveness of active avian influenza virus surveillance with respect to its cost: a case study from Switzerland. *Preventive Veterinary Medicine*, 105 (3): 209-222, ISSN 0167-5877, http: //dx. doi. org/10. 1016/j. prevetmed. 2011. 12. 010.

Häsler, B., Rushton, J., Stärk, K. D. C. & Howe, K. S. 2013. Surveillance and intervention expenditure: substitution or complementarity between different types of policy. *Livestock Disease Policies: Building Bridges Between Science And Economies*. International workshop held in OECD, Paris, France. 3-4 June 2013.

Heft-Neal, S., Otte, J., Pupphavessa, W., Roland-Holst, D., Sudsawad, S. & Zilberman, D. 2010. *Supply Chain Auditing for Poultry Production in Thailand*. PPLPI Research Report. Rome: FAO.

Hinrichs, J. 2010. *Experiences with cost-benefit and cost-effectiveness analysis in HPAI control projects*. Presentation at the meeting: "Economics of animal health and welfare - how willwe increase the impact of economic analysis on decisions about animal and one health?"

Honhold, N. & Sil, B. K. 2001. *Epidemiology, economic impact and control of PPR in*

Bangladesh. Internal report of the ARMP project.

Honhold, N., Taylor, N. M., Wingfield, A., Einshoj, P., Middlemiss, C., Eppink, L., Wroth, R. & Mansley, L. M. 2004. Evaluation of the application of veterinary judgement in the pre - emptive cull of contiguous premises during the epidemic of foot- and - mouth disease in Cumbria in 2001. *Veterinary Record* 2004: 155, 349 - 355 doi: 10. 1136/vr. 155. 12. 349.

Horst, H. S., de Vos, C. J., Tomassen, F. H. M. & Stelwagen, J. 1999. The economic evaluation of control and eradication of epidemic livestock diseases. *Rev. Sci. Tech. Off. Int. Epiz*, 18: 2, 367 - 379.

Howe, K. & Christiansen, K. H. 2004. *The State of Animal Health Economics: A Review*. Proceedings of the Society for Veterinary Epidemiology and Preventive Medicine.

Humphrey, J. &Napier, L. 2005. *The value chain approach as a tool for assessing distributional impact of standards on livestock markets: guidelines for planning a programme and designing case studies*. Report to the FAO AGA/ESC initiative on market exclusion. Rome: FAO.

ICASEPS (Indonesian Center for Agro - socioeconomic and Policy Studies). 2008. *Livelihood and gender impact of rapid changes to bio - security policy in the Jakarta area and lessons learned for future approaches in urban areas*. Rome: FAO.

James, A. D. & Ellis, P. R. 1978. Benefit - cost analysis in foot- and -mouth disease control programmes. *British Veterinary Journal*, 134 (1): 47 - 52.

Jibat, T., Admassu, B., Rufael, T., Baumann, M. & Potsch, C. 2013. Impacts of foot - and - mouth disease on livelihoods in the Borena plateau of Ethiopia. *Pastoralism: Research, Policy and Practice*, 3: 5.

Junker F., Komorowska J. &Tongeren F. V. 2009. *Impact of Animal Disease Outbreaks and Alternative Control Practices on Agricultural Markets and Trade*. OECD Food, Agriculture and Fisheries Working Papers, No. 19, OECD Publishing. doi: 10. 1787/221275827814.

Kairu - Wanyoike, S. W., Kaitibie, S., Taylor, N. M., Gitau, G. K., Heffernan, C., Schnier, C., Kiara, H., Taracha, E., & McKeever, D. 2013. Exploring farmer preferences for contagious bovine pleuropneumonia vaccination: A case study of Narok District of Kenya. *Preventive Veterinary Medicine*, 110 (3 - 4): 1356 - 1369, ISSN 0167 - 5877, (available at http: //dx. doi. org/10. 1016/j. prevetmed. 2013. 02. 013).

Kaplinsky, R. & Morris, M. 2001. *A handbook for value chain research*. Brighton and Durban, Institute of Development Studies and School for Development Studies, University of Natal.

Kitching, R. P., Thrusfield, M. V. & Taylor, N. M. 2006. The use and abuse of mathematical models: an illustration from the 2001 foot - and - mouth disease epidemic in the United Kingdom. *Rev. sci. tech.*, *Off. Int. Epiz.*, 25: 1.

Knight - Jones, T. J. D. & Rushton, J. 2013. The economic impacts of foot and mouth disease—What are they, how big are they and where do they occur? *Preventive Veterinary Medicine*. Available online 16 August 2013, ISSN 0167 - 5877 (available at http: //dx. doi. org/10. 1016/j. prevetmed. 2013. 07. 013).

Kobayashi, M., Carpenter, T. E., Dickey, B. F. & Howitt, R. E. 2007. A dynamic, optimal disease control model for foot- and -mouth disease: I model description. *Preventive Veterinary Medicine*, 29, 2757 - 2773.

Krupnik, A. J. 2004. *Valuing health outcomes: policy choices and technical issues*. Washington D. C., Resources for the Future (available at http: //www. rff. org/files/sharepoint/WorkImages/ Download/RFF - RPT - Valuing Health Out comes. pdf).

Leslie, J., Barozzi, J. & Otte, M. J. 1997. The economic implications of a change in FMD policy: a case study in Uruguay. *Épidémiologie et Santé Animale*, 31/32: 10. 21. 1 - 10. 21. 3.

Livestock data innovation in Africa. 2012. 3rd Annual Progress Report 1 July 2011 - 30 June 2012.

Lorenz R. J. 1988. A cost - effectiveness study on the vaccination against foot- and -mouth disease (FMD) in the Federal Republic of Germany. *Acta Veterinaria Scandinavica, Suppl.*, 84, 427 - 429.

Mangen, M. J. J. & Burrell, A. M. 2003. Who gains, who loses? Welfare effects of classical swine fever epidemics in the Netherlands. *Eur Rev Agric Econ*, 30 (2): 125 - 154. doi: 10. 1093/ erae/30. 2. 125.

Mensah - Bonsu, A. & Rich, K. 2010. Ghana's poultry sector value chains and the impacts of HPAI. Africa/Indonesia Team Working paper 26. DFID/FAO/IFPRI, ILRI/RVC Pro - poor HPAI Risk Reduction Project.

Martínez - López, B., Perez, A. M., De la Torre, A. & Sánchez - Vizcáno Rodriguez, J. M. 2008. Quantitative risk assessment of foot- and -mouth disease introduction into Spain via importa - tion of live animals. *Preventive Veterinary Medicine*, 86: 2008) 43 - 5. (available at http: //www. um. es/innovacion/wp - content/uploads/2013/01/Mod - 4 - MA - MARIA - JOSE - CUBERO - Quantitative - risk - of - FMD - in - Spain - for - animal - importation. pdf)

McCauley, E. H. & Sundquist, W. B. 1979 Potential economic consequences of African Swine Fever and its control in the United States. University of Minnesota Department of Agricultural and Applied Economics. Staff paper.

McDermott, J., Grace, D. & Zinsstag, J. 2013. Economics of brucellosis impact and control in developing countries. *Rev Sci. Tech. Off. Int. Epiz.*, 32 (1): 249 - 261.

McInerney, J. P. 1991. *Cost - benefit analysis of livestock disease: a simplified look at its economic foundations*. Proceedings of the 6th International Symposium on Veterinary Epidemiology and Economics.

McKibbin, W. J. & Sidorenko, A. A. 2006. *Global macroeconomic consequences of pandemic influenza*. Lowy Institute of Economic Policy. February 2006. Sydney, Australia.

McLeod, A & Leslie, J. 2001. *Socio - economic impacts of freedom from livestock disease and export promotion in developing counties*. Livestock Policy Discussion Paper No. 3. Rome: FAO.

McLeod, A., Taylor, N., Thuy, N. T. & Lan, L. T. K. 2003. *Control of classical swine fever in the Red River Delta of Viet Nam. A stakeholder analysis and assessment of potential benefits, costs and risks of improved disease control in three provinces*. Phase 3 report, June 2003.

McLeod, A., Rushton, J., Riviere - Cinnamond, A., Brandenburg, B., Hinrichs J. & Loth, L. 2007. Economic Issues in vaccination against Highly Pathogenic Avian Influenza in Developing Countries. *In* Vaccination: A Tool for the Control of Avian Influenza. *Dev Biol* 130, 63 - 72.

McLeod, A. 2009. *The Economics of Avian Influenza*. *In* D. E. Swayne, ed. Avian Influenza. Oxford, UK: Blackwell Publishing Ltd. Doi: 10. 1002/9780813818634. ch24.

McLeod, A., Kobayashi, M., Gilman, J., Siagian, A. & Young, M. 2009. The use of poultry value chain mapping in developing HPAI control programmes. *World's Poultry Science Journal*, 65, 217 - 224.

McLeod, A., Honhold, N. & Steinfeld, H. 2010. Chapter 18: Responses on emerging livestock diseases. *In* H. Steinfeld, H. Mooney, F. Schneider & L. Neville, eds. *Livestock in a changing landscape, Vol. 1: Drivers, consequences, and responses*. Washington, DC: Island Press.

McLeod, A. & Honhold, N. 2012. *Livestock development and animal health project Zambia: cost - benefit analysis of disease - free zone establishment and maintenance*. Final report to the Government of Zambia.

McLeod, A., Trung, H. X. & Long, N. V. 2013. *Estimating the economic impacts of emerging infectious diseases (EIDs) in animals in Viet Nam*. Report to project "Support to Knowledge Management and Policy Dialogue through the Partnership on Avian and Pandemic Influenza (KMP - API)" for the Ministry of Agriculture and Rural Development, Viet Nam, 8 July 2013.

McLeod, R. 2010. *Realised and Potential Economic Benefits of the Southeast Asia Foot and Mouth Disease Campaign*. Report to the Australian Government Department of Foreign Affairs and Trade.

Meuwissen, M. P. M., Horst, S. H., Huirne, R. B. M. & Dijkhuizen, A. A. 1999. A model to estimate the financial consequences of classical swine fever outbreaks: principles and outcomes. *Preventive Veterinary Medicine*, 42 (3 - 4): 249 - 270.

Meuwissen，M. P. M，Skees，J. R.，Black，R.，Huirne，R. B. M. & Dijkhuizen，A. A. 2000. *An analytical framework for discussing farm business interruption insurance for classical swine fever*. Paper presented at the AAEA Annual Meeting，July 30 - August 2，Tampa，Florida.

Moran，D. 1994. *Contingent valuation and biodiversity conservation in Kenyan protected areas*. CSERGE Working Paper GEC 94 - 16. Centre for Social and Economic Research on the Global Environment University College London and University of East Anglia（available at http：// cserge. ac. uk/sites/default/files/gec _ 1994 _ 16. pdf）.

Morgan，N. 2006. *Global market impacts of AI*. *In* Symposium Summary："Market and Trade Dimensions of Avian Influenza". FAO in conjunction with the 21st Session of the Inter Govern - mental Group on Meat and Dairy Products. Rome.

Mullins，G.，Fidzani，B. & Koanyane，M. 1999. At the end of the day：the socio - economic impacts of eradicating contagious bovine pleuropneumonia from Botswana. Tropical Diseases：Control and Prevention in the context of the new world order. *In Proc. 5th biennial conference of the Society for Tropical Veterinary Medicine*. New York Academy of Science.

Mutambara，J.，Dube，I.，Matangi，E. & Majeke，F. 2013. Factors influencing the demand of the service of community based animal health care in Zimbabwe. *Preventive Veterinary Medicine*，112：3 - 4，174 - 182，（available at http：//www. sciencedirect. com/science/article/pii/ S016758771300233X）.

NAO（National Audit Office of the UK Government）. 2002. The 2001 outbreak of foot- and -mouth disease. Report by the comptroller and auditor general. HC 939 Session 2001—2002：21 June 2002. London：HMSO.

Ngotho，R.，A. McLeod，H. Wamwayi & Curry，J. 1999. *Economic effects of Rinderpest in pastoralist communities in West Pokot and Turkana*. Paper presented to the KARI/DFID NARP Ⅱ Project End of Project Conference，KARI Headquarters，Nairobi，Kenya，23 - 26 March 1999.

Nin Pratt A.，Bonnet P.，Jabbar M. A.，Ehui S. & de Haan C. 2005. *Benefits and costs of compliance of sanitary regulations in livestock markets：The case of Rift Valley fever in the Somali Region of Ethiopia*. Nairobi：ILRI，70 pp.

OCED/FAO. 2007. *OECD - FAO World Agricultural Outlook* 2007—2016.

OCED/FAO. 2009. *OECD - FAO World Agricultural Outlook* 2009—2018.

Otieno，D. J.，Ruto，E. & Hubbard，L. J. 2010. *Cattle farmers' preferences for Disease Free Zones：a choice experiment analysis in Kenya*. Paper presented at the 84th Annual Conference of the Agricultural Economics Society，Edinburgh（available at http：//ageconsearch. umn. edu/ bitstream/91951/2/115Otieno _ ruto _ hubbard. pdf）.

ODI（Overseas Development Institute）. 1999. *Key sheets for sustainable livelihoods：overview*（available at http：//www. odi. org. uk/sites/odi. org. uk/files/odi - assets/publica -

tions - opinion - files/3219. pdf) .

OIE. 2007. *Cost of National Prevention Systems for Animal Diseases and Zoonoses in Developing and Transition Countries*. Prepared by Civic Consulting.

OIE. 2013. Chapter 2. 1: import risk analysis. In *Terrestrial Animal Health Code* (available at http: //www. oie. int/index. php? id=169&L=0&htmfile=chapitre _ import _ risk _ analysis. htm) .

OIE. Undated. *General disease information sheet: brucellosis* (available at http: //www. oie. int/fileadmin/Home/eng/Media _ Center/docs/pdf/Disease _ cards/BCLS - EN. pdf) .

Okuthe, S. 1999. *Participatory Epidemiological Assessment of Livestock Productivity Constraints in the western Kenya Highlands*. UK, University of Reading. (PhD thesis) .

Onono, J. O. 2014. *Economics of CBPP control in Kenya*. A presentation made at Ahmadu Bello University, Zaria, Nigeria.

Onono, J. O., Wieland, B & Rushton, J. 2014. Estimation of impact of contagious bovine pleuropneumonia on pastoralists in Kenya. *Preventive Veterinary Medicine*, 115 (3 - 4): 122 - 129.

Omiti, J. & Irungu, P. 2010. *Socio-economic benefits of rinderpest eradication from Ethiopia and Kenya*. Report to the African Union Inter - African Bureau for Animal Resources.

Otte, J., Nugent, R. & McLeod, A. 2004. *Transboundary animal diseases: assessment of socio - economic impacts and institutional responses*. Livestock Policy Discussion Paper No. 9. Livestock Information and Policy Branch. Rome: FAO.

Otte, M. J. 1997. *Consultancy report on cost - benefit of different vaccination strategies for the control of classical swine fever in Haiti*. Rome: FAO.

Paarlberg, P. L., Lee J. G. & Seitzinger A. H. 2002. Food animal economics: potential revenue impact of an outbreak of foot- and -mouth disease in the United States. *JAVMA*, 220: 7, 988 - 992.

Paton, D. J., Sinclair, M. & Rodriguez, R. 2009. *Qualitative assessment of the commodity risk factor for spread of foot- and -mouth disease associated with international trade in deboned beef*. OIE ad - hoc group on trade in animal products, October 2009 (available at http: //www. oie. int/fileadmin/Home/eng/Internationa _ Standard _ Setting/docs/pdf/ENG _ DFID _ paper _ fin. pdf) .

Pendell, D. L., Leatherman, J., Schroeder, T. C. & Alward, G. S. 2007. The economic impacts of a foot- and -mouth disease outbreak: a regional analysis. *Journal of Agricultural and Applied Economics*, 39: 19 - 33.

Perry, B. D., Randolph, T. F., Ashley, S., Chimedza, R., Forman, A., Morrison, J., Poulton, C., Sibanda, L., Stevens, C., Tebele, N. & Yngstrom, I. 2003. *The impact and poverty reduction implications of foot- and -mouth disease control in southern Africa*. Proceedings of the 10th International Symposium on Veterinary Epidemiology and

Economics.

Perry, P. B, Kalpravidh W., Coleman, P. G., Horst, H. S, McDermott, J. J., Randolph, T. F. & Gleeson L. J. 1999. The economic impact of foot- and -mouth disease and its control in South - East Asia: a preliminary assessment with special reference to Thailand. *In* B. D. Perry, ed. The economics of animal disease control. *Rev. Sci. Tech. Off. Int. Epiz.*, 18 (2): 478 - 497.

Pharo, H. J. 2002. foot- and -mouth disease: an assessment of the risks facing New Zealand. *New Zealand. Veterinary Journal* 50: 2, 46 - 55, 2002 [available at http://bvs1. panaftosa. org. br/local/File. /textoc/Pharo%20HJ. %20FMD%20risks%20 (New%20Zealand. 2002) . pdf] .

Pingali, P, Alinovi, L & Sutton, J. 2005. Food security in complex emergencies: enhancing food system resilience. *Disasters*, 29 (*s*1), *S*5 - *S*24. Food and Agriculture Organization of the United Nations. UK & USA: Blackwell.

Pinto, J. 2000. *Hazard Analysis on Farm and at National Level to Maintain Classical Swine Fever Disease Free Status in Chile*. UK, University of Reading. (Ph. D thesis) .

Pinto, J. 2003. *Estimación del impacto de la Peste Porcina Clásica en sistemas productivas porcinos en América Latina: estudios de casos en tres países*. Plan Continental para la Erradicación de la Peste Porcina Clásica en Las Américas. Santiago de Chile, FAO (available at http: //www. fao. org/3/a - ai049s. pdf) .

Poapongsakorn, Nipon. 2004. *Dynamics of South East Asian Livestock Markets and Their Sanitary and Technical Standards*. Paper prepared for FAO expert consultation on: "Dynamics of Sanitary and Technical Requirements in Domestic Livestock Markets: Assisting the Poor to Cope", 22 - 24 June 2004.

Productivity Commission. 2002. *Impact of a Foot and Mouth Disease Outbreak on Australia*. World Wide Web Internet and Web Information Systems (available at http://www. pc. gov. au/ inquiries/completed/foot- and -mouth/report/footandmouth. pdf) .

Putt, S. N. H., Shaw, A. P. M., Woods, A. J., Tyler, L. & James, A. 1982. *Veterinary Epidemiology and Economics in Africa: a manual for use in the design and appraisal of livestock health policy*. 2nd Edn. Designed and printed at ILCA. (available at http: //www. fao. org/wairdocs/ilri/ x5436e/x5436e00. htm#Contents) .

Randolph, T. F., Perry, B. D., Benigno, C. C., Santos, I. J., Agbayani, A. L., Coleman, P., Webb, R. & Gleeson, L. J. 2002. The economic impact of foot- and -mouth disease control and eradication in the Philippines. *Rev. Sci. Tech. Off. Int. Epiz.*, 2002, 21 (3): 645 - 661.

Rich, K. M., Perry, B. D. & Kaitibie, S. 2009. Commodity - based trade and market access for developed country livestock products: the case of beef exports from Ethiopia. *International Food and Agribusiness Management Review*, 12 (3) .

Rich, K. M. , Baker, D. , Okike, I. and Wanyowike, F. 2013. *The role of value chain analysis in animal disease impact studies: methodology and case studies of Rift Valley Fever in Kenya and Avian Influenza in Nigeria*. Proceedings of the 12th Symposium of the International Society of Veterinary Epidemiology and Economics.

Roth, F. , Zinsstag, J. , Orkhon, D. , Chimed - Ochit, G. , Hutton, G. , Cosivi, O. , Carrin, G. & Otte, J. 2003. Human health benefits from livestock vaccination for brucellosis: case study. *Bulletin of the World Health Organization*, 81: 12.

Royal Society of Edinburgh. 2002. *Inquiry into Foot and Mouth Disease in Scotland, July* 2002 (avail - able at https: //www. royalsoced. org. uk/cms/files/advice - papers/inquiry/footmouth/fm _ mw. pdf) .

Rushton, J. & Upton, M. 2006. Investment in preventing and preparing for biological emer - gencies and disasters: social and economic costs of disasters versus costs of surveillance and response preparedness. *Rev. Sci. Tech. Off. Int. Epiz.* , 25 (1): 375 - 388.

Rushton, J. 2008. Economic aspects of foot- and -mouth disease in Bolivia Economic assess - ments of the control of foot and mouth disease in Bolivia. *Rev. Sci. Tech. Off. Int. Epiz.* , 27 (3): 759 - 769.

Rushton, J. 2009. *The Economics of Animal Health and Production*. Wallingford, UK: CABI.

Rushton, J. & Knight - Jones, T. 2012. *The impact of foot and mouth disease*. Supporting document No. 1 in OIE/FAO 2012.

Rushton, J. 2013. *An Overview Analysis of Costs and Benefits of Government Control Policy Options*. Proc. Livestock Disease Policies: "Building Bridges between Science and Economics" . International workshop held in OECD, Paris, France. 3 - 4 June 2013.

Satoto. 2013. *Development of business models that will ensure minimal disruption of marketing of livestock in the Zambezi during FMD outbreaks*. Report for the project "Development of Export Opportunities for Beef Products from the Zambezi Region" .

Saxena, R. 1994. *Economic value of milk loss caused by Foot and Mouth Diseases (FMD) in India*. Working paper No. 60, Institute of Rural Management, Anand, 20 pp.

Senturk, B. & Yalcin, C. 2005. Financial impact of foot- and -mouth disease in Turkey: acquisition of required data via Delphi expert opinion survey. *Veterinarni Medicina*, 50 (10): 451 - 460.

Sothyra, T. 2004. *Economics of avian influenza control within Cambodian poultry sector*. Presentation at *FAO* Workshop on "Social and economic impacts of avian influenza control", 8 - 9 December 2004, Siam City Hotel, Bangkok. Rome: FAO.

Starkey, P. 2010. *Livestock for traction: world trends, key issues and policy implications*. A background paper prepared for FAO's Livestock Information, Sector Analysis and Policy Branch (AGAL) .

Tambi, E. N., Maina, O. W., Mukhebi, A. W. & Randolph, T. F. 1999a. Economic impact assessment of rinderpest control in Africa. *Rev. Sci. Tech. Off. Int. Epiz.*, 18 (2): 458 - 477.

Tambi, E. N., Mukhebi, A. W., Maina, O. W. & Solomon, H. M. 1999b. Probit analysis of livestock producers' demand for private veterinary services in the high potential areas of Kenya. *Agric. Syst.*, 59: 163 - 176.

Tambi, N. E., Maina, W. O. & Ndi, C. 2006. An estimation of the economic impact of con - tagious bovine pleuropneumonia in Africa. *Rev. Sci. Tech. Off. Int. Epiz.*, 25 (3): 999 - 1012.

Taylor, N., McLeod, A. Thuy, N. T., Stone, M., Binh V. T., Lan, L. T. K, Dung, D. H. & Barwinek, F. 2003. *Examining the options for a Livestock disease - free zone in the Red River Delta of Vietnam*. Strengthening Of Veterinary Services in Vietnam (SVSV). ALA/96/20. Supported by the European Commission.

Tigner, R. 2006. *Partial budgeting: a tool to analyse farm business changes*. Ag Decision Maker File C - 150. Iowa State University Extension (available at http: //www. extension. iastate. edu/ agdm/wholefarm/pdf/c1 - 50. pdf).

Tisdell, C. 1994. *Animal health and the control of diseases: economic issues with particular reference to a developing country*. Working paper No. 2. Research papers and reports in animal health economics. University of Queensland.

Tomassen, F. H., de Koeijer, A., Mourits, M. C., Dekker, A., Bouma, A., & Huirne, R. B. 2002. A decision tree to optimise control measures during the early stage of a foot- and -mouth disease epidemic. *Prev Vet Med.*, 54 (4): 301 - 24.

Townsend, R. F. & Sigwele, H. K. 1998. *Socio - economic cost - benefit analysis of action and alternatives for the control of contagious bovine pleuropneumonia in Ngamiland, Botswana*. Final report for DFID, London.

Twinamasiko, E. K. 2002. *Development of an appropriate programme for the control of conta - gious bovine pleuropneumonia in Uganda*. UK, University of Reading. (Ph. D thesis).

Tyler, L., Kapinga, C., Magembe, S. R., Ellis, P. R. & Hedger, R. S. 1980. *The development of an intensive animal disease control programme in Rukwa Region*. Report to the Director, Livestock Development Division, Ministry of Livestock and Natural Resources, United Republic of Tanzania.

USDA (United States Department of Agriculture). 2005a. *High - pathogenicity avian influenza: a threat to U. S. poultry*. Program Aid No. 1836. Riverdale, USA, Animal and Plant Health Inspection Service (available at http: //permanent. access. gpo. gov/ gpo28243/ pub _ ahai05. pdf).

USDA. 2005b. Risk analysis: Risk of exporting foot- and -mouth disease (FMD) in FMD susceptible species from Argentina, South of the 42° Parallel (Patagonia South) to the United States. Vet - erinary Services National Center for Import and Export (available at https: //www. aphis. usda. gov/newsroom/2014/01/pdf/Patagonia _ Region _ Risk _ Analysis _ Final. pdf) .

USDA. Undated. Envelope economics: partial budgeting (available at http: //www. nrcs. usda. gov/ Internet/FSE _ DOCUMENTS/stelprdb1193223. pdf) .

Wanyangu, S. W., Mulinge, W., McLeod, A., Mbabu, A. N., Kilambya, D. 2000. *Priority-setting for animal health research in Kenya: The position of heartwater and contagious caprine pleuropneumonia (CCPP)*. Proceedings of the 9th Symposium of the International Society for Veterinary Epidemiology and Economics, Breckenridge, Colorado, USA, Economics & livestock production session, p 272, August 2000.

Ward, W. A., Deren, B. J. & D'Silva, E. H. 1991. *The economics of project analysis: a practitioner's guide*. Washington: Economic Development Institute of the World Bank.

WHO. 2004. *The global burden of disease: 2004 update*. Geneva.

Winpenny, J. T. 1991. *Values for the environment: a guide to economic appraisal*. London: HMSO.

Wolf, C. A. 2013. "*Livestock indemnity design: considering asymmetric information.* "Livestock Disease Policies: Building Bridges Between Science And Economies." International workshop held in OECD, Paris, France. 3 - 4 June 2013.

World Bank. 2004. *Technical Annex for a Proposed Credit of SDR3.5 Million (US $ 5 Million Equivalent) to the Socialist Republic of Viet Nam for an Avian Influenza Emergency Recovery Project*. World Bank Rural Development and Natural Resources Sector Unit East Asia and Pacific Region.

World Bank. 2014. Indicators webpage (available at http: //data. worldbank. org/indicator/) .

WFP (World Food Programme) . 2011. *The status of food security and vulnerability in Egypt*, 2009. Cairo, WFP.

WTO (World Trade Organization) . 1998. *Understanding the WTO Agreement on Sanitary and Phytosanitary Measures* (available at http: //www. wto. org/english/tratop _ e/sps _ e/spsund _ e. htm) .

Yang, P. C., Chu, R. M., Chung, W. B., & Sung, H. T. 1999. Epidemiological characteristics and financial costs of the 1997 foot- and -mouth disease epidemic in Taiwan. *Vet.*, 145 (25): 731 - 734.

Young, J. R., Suon, S., Andrews, C. J., Henry, L. A. & Windsor, P. A. 2012. Assessment of financial impact of foot and mouth disease on smallholder cattle farmers in southern Cambodia. *Transboundary and Emerging Diseases*.

Zinsstag, J., Schelling, E., Roth, F., Bonfoh, B., de Savigny, D. & Tanner, M. 2007. Human benefits of animal interventions for zoonosis control. *Emerging Infectious Diseases*, 13: 4.

联合国粮食及农业组织动物生产及卫生准则

1. 采采蝇昆虫基础数据的收集（区域综合害虫管理项目），2009（E）。

2. 动物遗传资源国家战略及行动计划的编制，2009（E、F、S、R、Ar、C）。

3. 动物遗传资源可持续管理的育种战略，2010（E、F、S、R、Ar、C）。

4. 动物疫病风险管理的价值链方法——现场应用的技术基础与实践框架，2011（E、C）。

5. 畜牧业评论准备指南，2011（E）。

6. 发展动物基因资源管理组织框架，2011（E、F、S、R）。

7. 调查、监督动物基因资源，2011（E、F、S）。

8. 优质奶制品业实践指南，2011（E、F、S、R、Ar、C、Pt[e]）。

9. 动物基因资源的分子遗传特征，2011（E）。

10. 设计与实施畜牧业价值链研究，2012（E）。

11. 动物基因资源的表型特征，2012（E、F[e]、C[e]）。

12. 动物基因资源的低温贮藏，2012（E）。

13. 高致病性禽流感与其他跨境动物疫病控制与根除的规范框架手册——审查、发展必要性政策、制度和法律框架指南，2013（E）。

14. 动物遗传资源的体内保护，2013（E）。

15. 食性分析实验室：建立和质量控制，2013（E）。

16. 家禽开发的决策工具，2014（E）。

17. 活禽市场生物安全指南，2015（E、F[e]、C[e]）。

18. 动物疫病的经济学分析，2016（E）。

19. 综合性多用途动物记录系统的开发，2016（E[**]）。

可获得日期：2016 年 3 月

Ar——阿拉伯语　　Pt——葡萄牙语

C——中文　　R——俄语

E——英文　　S——西班牙语

F——法语　　Multi——多语种

*已绝版　　　　　　　　　　　　e——电子出版物

**出版中

联合国粮食及农业组织动物生产及卫生准则可通过联合国粮食及农业组织授权的销售代理或直接从市场营销组获得，地址：Viale delle Terme di Caracalla，00153 Rome，Italy。

在 http：//www. fao. org/ag/againfo/resources/en/publications. html 查看更多刊物。